学电脑7日通

导向工作室◎编著

人 民 邮 电 出 版 社
北 京

图书在版编目（CIP）数据

老年人学电脑7日通 / 导向工作室编著. -- 北京 :
人民邮电出版社，2014.8 （2016.9重印）
ISBN 978-7-115-36030-4

Ⅰ. ①老… Ⅱ. ①导… Ⅲ. ①电子计算机－中老年读
物 Ⅳ. ①TP3-49

中国版本图书馆CIP数据核字(2014)第123864号

内容提要

本书通过7天的学习计划，详细而又全面地介绍了电脑的基础知识和操作技巧。书中的内容安排和版式设计都充分考虑了老年人的学习需求，读者只需按照每一天的内容按部就班地学习，就可以快速掌握电脑操作。本书的主要内容包括：电脑的基础知识、电脑打字、电脑资源的管理方法、利用电脑休闲娱乐、电脑上网、网上交流及电脑的日常维护和优化方法等。

本书内容全面，图文并茂，循序渐进地介绍了老年朋友可能会用到的电脑操作知识，在轻松学习的过程中还穿插了有针对性的练习。在本书附赠的教学光盘中，包含了精心制作的教学录像，老年朋友可以跟着视频学习操作，以便达到最佳的学习效果。

本书适合希望系统掌握电脑操作知识的老年朋友学习，也可以作为老年大学或电脑培训班的教材或辅导用书。

◆ 编　　著　导向工作室
　责任编辑　张　翼
　责任印制　杨林杰

◆ 人民邮电出版社出版发行　　北京市丰台区成寿寺路11号
　邮编　100164　　电子邮件　315@ptpress.com.cn
　网址　http://www.ptpress.com.cn
　北京中石油彩色印刷有限责任公司印刷

◆ 开本：787×1092　1/16
　印张：8
　字数：128千字　　　　2014年8月第1版
　印数：8 601－9 400册　　2016年9月北京第8次印刷

定价：19.80元（附光盘）

读者服务热线：(010)81055410　印装质量热线：(010)81055316

反盗版热线：(010)81055315

本书能让你学会什么？

使用电脑进行打字

使用电脑进行休闲娱乐

使用电脑管理文件和文件夹

使用电脑进行网上聊天、网上购物，享受精彩网络生活

随着电脑应用的普及和计算机技术的高速发展，越来越多的老年人也喜爱上了电脑，它不仅可以帮助老年人解决问题，还能锻炼思维、活跃大脑，是融洽家庭氛围、休闲娱乐的好帮手。

本书从实用的角度出发，结合老年朋友生活的方方面面，介绍了7天学会并掌握电脑操作的学习方法。通过对本书的学习，广大老年读者能够在短时间内轻松掌握电脑的各种使用技能。

内容导读

全书共有7天的学习内容，每一天对应一部分实用知识，主要内容介绍如下。

第1天 学习电脑很简单：介绍了电脑的各种基本操作，包括开机和关机、使用鼠标和键盘、熟悉并设置电脑，以及使用辅助工具等内容。

第2天 在电脑中这样打字：介绍了如何使用电脑进行打字，包括打字前的准备、使用拼音打字、语音和手写输入文字等内容。

第3天 有效管理电脑资源：介绍了如何有效管理电脑中的各种资源，包括文件和文件夹的管理、数码设备中文件资源的管理等内容。

第4天 休闲娱乐用电脑：介绍了使用电脑进行各种休闲娱乐的方法，包括使用电脑听歌看电影、处理照片和刻录光盘等内容。

第5天 网上生活乐趣多：介绍了使用电脑上网的方法，包括浏览器的使用、网上资源的搜索、查询天气和网上购物等内容。

第6天 网上交流无障碍：介绍了使用电脑进行网上交流的方法，

包括使用 QQ 聊天、使用电子邮件和使用微博等内容。

第 7 天 保护电脑有妙招：介绍了电脑安全使用的知识，包括电脑的日常维护、电脑病毒的防范和电脑优化等内容。

本书特点

科学的学习计划：本书共计 7 天的学习内容，帮助老年读者建立科学的学习计划。读者既可以跟随本书按部就班地学习，也可以根据个人情况自主安排学习进度。

务实的案例设计：本书紧扣实际应用，通过案例进行讲解，同时提供了丰富的拓展练习，满足读者的实际需求。

全面的知识覆盖：本书除知识主线以外，还穿插了“小提示”、“更上一层楼”等栏目，随时提供操作技巧及扩展知识，帮助读者巩固提高所学内容。

配套的视频讲解：在本书配套的多媒体光盘中，赠送了与“7 天”学习计划对应的同步教学录像，为读者提供立体化教学和全方位指导。

精美的排版印刷：本书使用黑白印刷，单栏排版，图文对应，整齐美观，便于读者查看和学习。

读者对象

本书适合希望尽快学会并灵活掌握电脑使用方法的老年朋友阅读。

关于我们

本书由导向工作室组织编写，参与本书资料收集、整理、编写、校对及排版的人员有：李凤、熊春、肖庆、李秋菊、黄晓宇、蔡长兵、牟春花、张倩、张红玲、赵阳、蔡飓、高志清、付子德、李美月、刘忞汝、周庆、郭三霞等。如果您有什么关于本书的疑问或改进建议，可通过 E-mail（zhangyi@ptpress.com.cn）与我们联系。

由于作者水平有限，书中疏漏和不足之处在所难免，欢迎广大读者朋友批评指正。

编者
2014 年 6 月

第1天　学习电脑很简单

第2天　在电脑中这样打字

第1天

学习电脑很简单

学习目标

如今，会用电脑已经不只是年轻人的“专利”了，许多老年朋友也对电脑产生了浓厚的兴趣。那么，电脑究竟该怎样使用呢？下面我们就一起来学习关于电脑的相关知识，包括电脑的基本操作、鼠标和键盘的使用，以及Windows 7操作系统的设置等。

学习内容

- 打开、关闭和重启电脑
- 认识并正确使用鼠标
- 认识并正确使用键盘
- 认识Windows 7操作系统
- 设置系统主题和外观
- 更改鼠标指针的样式
- 了解老年人常用的辅助工具

基础学习阶段

学习内容： 掌握电脑打开、关闭、重启的方法，以及鼠标和键盘的正确操作方法。

学习方法： 首先学习如何打开电脑，然后熟悉如何操作鼠标和键盘，最后学习如何重新启动和关闭电脑。要求熟练掌握打开和关闭电脑及正确使用鼠标和键盘的方法。

1.1 电脑基础知识

虽然电脑在日常生活中已经相当普及了，但对老年朋友而言，仍会觉得电脑有点“高深莫测”，尤其是在面对一个黑色显示屏时更不知道该从何入手了。下面我们就从最基础的电脑知识开始，从电脑的用途、组成，到如何打开和关闭电脑，带您进入电脑的神奇世界。

1.1.1 电脑的用途

电脑可以帮助我们做很多事情，如数据计算、学习娱乐、办公自动化和远程通信等。但对于老年朋友来说，电脑的主要用途在于，它不仅可以进行资料的查询和存储，还能跟远方的朋友和家人联系。下面就一起来看看在日常生活中电脑究竟可以做些什么。

听音乐： 电脑是休闲娱乐的好工具，在生活闲暇之余可以用电脑听听自己喜爱的音乐，更可以随着音乐节拍翩翩起舞，如图1–1所示，为在电脑中播放音乐的界面。

看视频： 有了电脑就可以随时观看最新、最热门的电视剧或电影，还可以播放VCD或DVD，观看朋友和子女们的婚礼、生日、旅游时拍摄的录像。这些电视剧、电影、录像等在电脑中统称为“视频”，如图1–2所示，为在电脑上观看视频的界面。

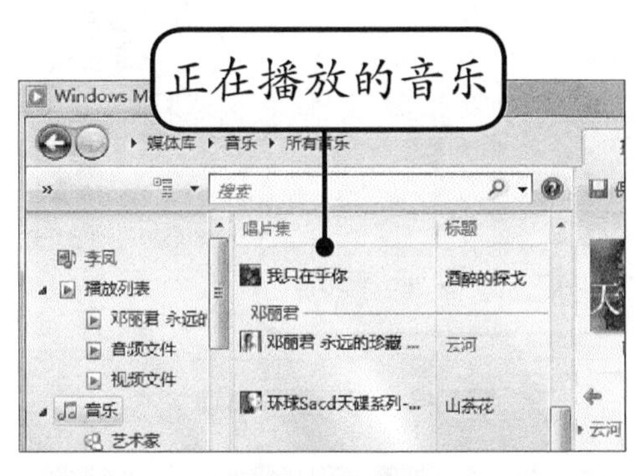

图1-1 听音乐　　　　图1-2 看视频

玩游戏： 电脑中自带了许多小游戏，如跳棋、扫雷和纸牌等，如果这些游戏都不喜欢，还可以在网上玩游戏，不但简单有趣，还可以找全天下的朋友一起玩游戏，如图1-3所示，为在网上玩“斗地主”游戏的界面。

查资料： 将电脑连入互联网后，就可以通过浏览器在互联网上查找到任何您需要的信息和资料，如图1-4所示，为介绍“金鱼”相关知识的网页。

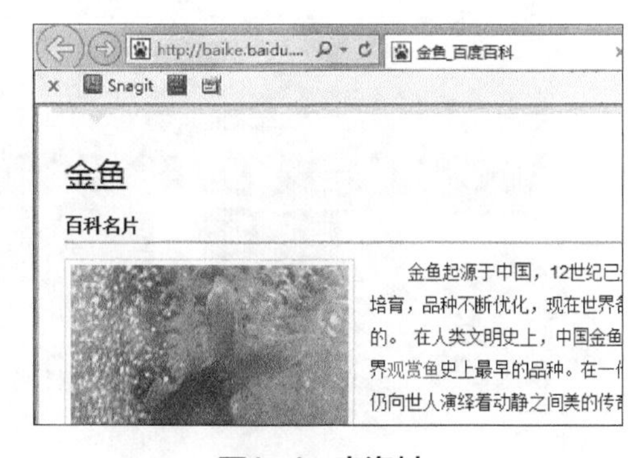

图1-3 玩游戏　　　　图1-4 查资料

上网沟通： 通过电脑，不仅可以与远在他乡的子女进行视频和语音通话，而且还可以与多年的老朋友们互发电子邮件，如图1-5所示，为使用QQ与儿子交流的聊天窗口。

记录重要事项： 重要或容易遗忘的事情可以使用电脑轻松记录下来，该功能对于老年朋友而言非常适用，如图1-6所示，为使用便笺记录重要事项的界面。

图1-5　上网沟通

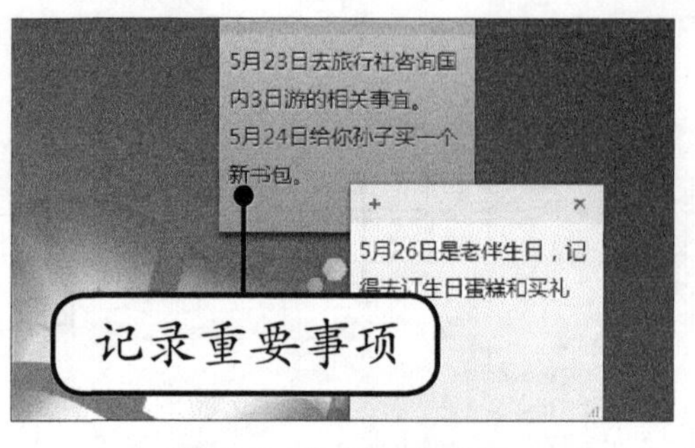

图1-6　记录重要事项

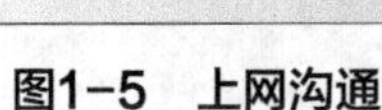

1.1.2 认识电脑的组成

电脑由硬件和软件两大部分组成，电脑硬件就是我们看得见的主机、显示器、鼠标、键盘等，如图1-7所示。而软件则是指电脑中安装的应用软件程序，比如能观看网络电视的“暴风影音”软件等。

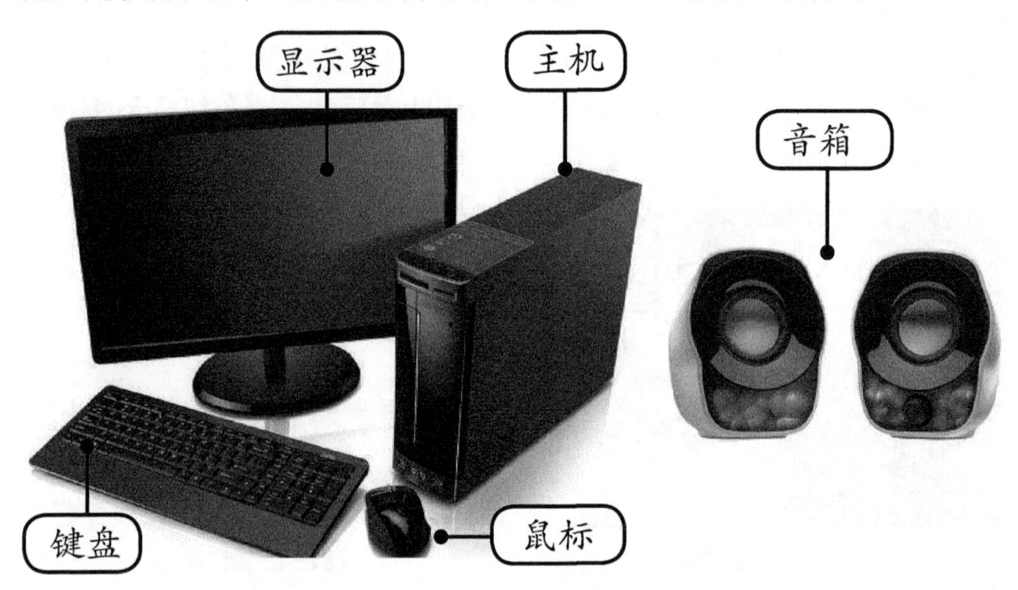

图1-7　电脑硬件

下面主要介绍电脑硬件各组成部分的作用。

- **显示器：** 主要用于显示电脑输出的内容，通过显示器，我们就可以看到文字、图片和视频了。
- **主机：** 主机相当于人的大脑，几乎所有文件资料和对电脑发出的所有指令都由它来存储和执行，可以说主机就是整个电脑的“指挥官”。主机正面的按钮主要用来打开、关闭电脑和光盘驱动器；而

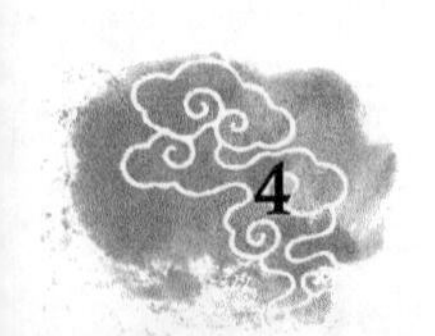

主机背面的插孔和接口则用于连接鼠标、键盘和音箱等外部设备。

键盘：键盘是我们向电脑下达命令的工具，键盘上有许多按键，每个按键的功能各不相同。每敲击一次按键，就可以给电脑发送一个信号，电脑再根据这些信号的指示来执行一个又一个的任务。

鼠标：鼠标是另一种向电脑下达命令的工具，常见的是3键鼠标，主要由鼠标左键、鼠标右键和鼠标滚轮组成，如图1-8所示。

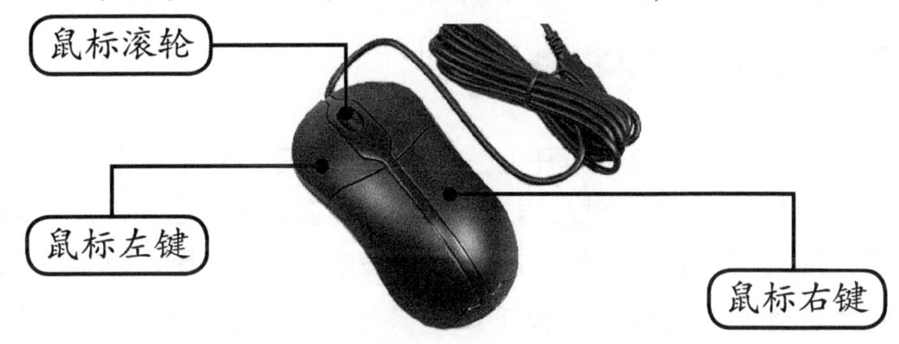

图1-8　鼠标各组成部分

音箱：音箱用于将电脑里播放的各种声音传送出来，这样就可以听音乐、看视频了。

1.1.3 操作电脑的注意事项

对于初次使用电脑的老年朋友而言，在操作电脑时可能会存在一定的畏惧心理，怕损坏电脑。其实电脑与家用电器一样，只要掌握正确的使用方法，就能轻松使用。下面介绍几点操作电脑时的注意事项，供大家参考。

保持正确的坐姿：使用电脑时，腰背要挺直，两脚平放在地面上，椅子和桌子的高度要适当，身体与桌子保持一定的距离，眼睛与显示器保持一定的距离，如图1-9所示。老年朋友使用电脑的时间不要太长，以1个小时为宜，应经常起身活动。

图1-9　保持正确的坐姿

良好的开关机习惯：要按本书介绍的开、关机方法正确地打开、关闭电脑，这样可以延长电脑的使用寿命。通常开机后不要马上关机，而关机后也不要马上开机，两个操作最好间隔30秒以上。

不要用手触摸显示屏：使用电脑时，用手触摸显示器屏幕会发生静电放电现象，可能会损害显示器。此外，用手触摸还会在屏幕上留下手印，甚至会破坏显示器表面的涂层。

1.2 正确打开电脑

打开电脑也就是常说的开机，其方法与打开日常生活中的电器类似，首先接通外部电源，然后再按下相应的电源开关按钮。打开电脑应按一定的操作顺序进行，避免对电脑硬件造成损伤，其具体操作如下。

1. 成功接通外部电源后，按下显示器的电源开关按钮（一般位于显示器右下角）打开显示器，如图1-10所示，此时电脑还没有信号，屏幕仍是黑屏，显示器的开关指示灯点亮。
2. 按下主机上的电源按钮（通常是机箱正面最大的那一个按钮），如图1-11所示，打开主机电源。

图1-10 打开显示器电源

图1-11 打开主机电源

3. 显示器上开始显示电脑的自检信息，这时不用做任何操作。
4. 稍后即可成功启动电脑并进入如图1-12所示的操作系统，此时完成电脑的启动操作，接着便可以使用电脑了。

图1-12 进入操作系统

1.3 如何使用鼠标

鼠标在使用电脑的过程中起着至关重要的作用，启动电脑后，绝大部分的操作都要依靠鼠标来完成。下面我们就从正确“握”鼠标的方法开始，详细介绍鼠标的各种操作。

1.3.1 正确“握”鼠标的方法

鼠标外形小巧，操作起来也比较简单，不过简单的操作也需要掌握正确的方法。

“握”鼠标时，让手腕自然地放在桌面上，右手拇指握住鼠标左侧，食指和中指自然轻放在鼠标的左键和右键上，无名指和小拇指握住鼠标右侧，掌心轻轻贴住鼠标后部，如图1-13所示。操作时使用食指控制鼠标左键，中指控制鼠标右键，食指或中指控制鼠标滚轮。

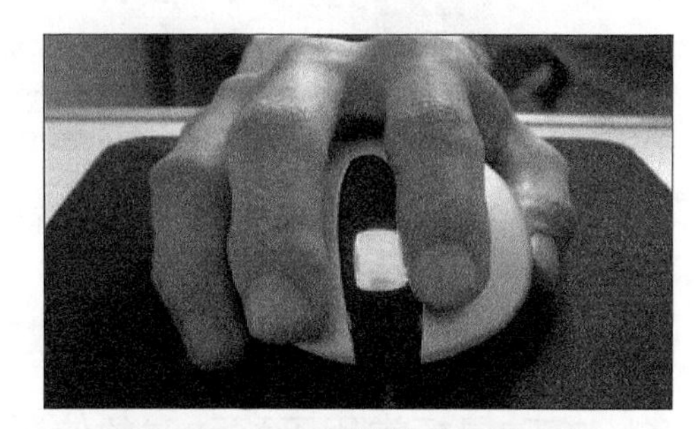

图1-13 正确“握”鼠标的方法

1.3.2 鼠标的常用操作

通过对鼠标的操作可以向电脑发出各种指令，从而达到控制和操

作电脑的目的。鼠标的操作主要包括移动鼠标、单击鼠标、双击鼠标、单击鼠标右键和按住鼠标左键拖动等。

1 单击鼠标选择桌面图标

单击鼠标常用于选择命令或对象，方法为：移动鼠标指针使其指向某个对象后，用右手食指轻轻按下鼠标左键并快速松开，此时对象即可被选中，选中后的对象呈高亮显示，如图1-14所示，为单击鼠标选择“计算机”图标的效果。

图1-14　单击鼠标选择桌面“计算机”图标

2 双击鼠标打开窗口

双击鼠标通常用于打开窗口或启动程序等，方法为：将鼠标指针移到某个对象上，用右手食指快速且连续地单击鼠标左键两次即可打开或启动该对象，如图1-15所示，为双击鼠标打开“计算机”窗口后的效果。

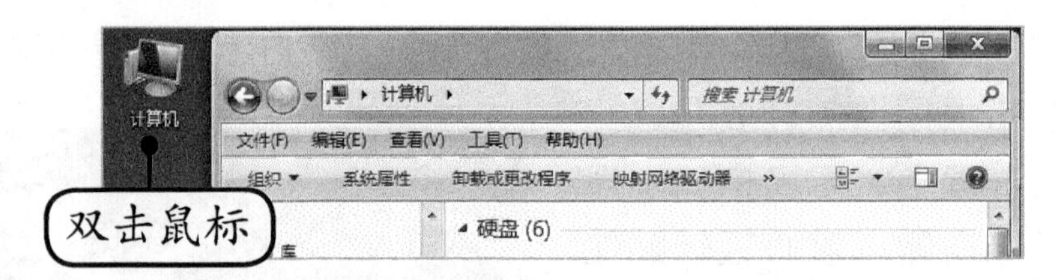

图1-15　双击鼠标打开“计算机”窗口

3 拖动鼠标指针移动对象

拖动鼠标常用于移动对象位置、改变窗口大小和拖动滚动条等操作，方法为：移动鼠标指针到目标对象上后，按住鼠标左键不放进行拖动，将选定对象移动到目标位置后再释放鼠标，如图1-16所示，为移动“回收站”图标的效果。

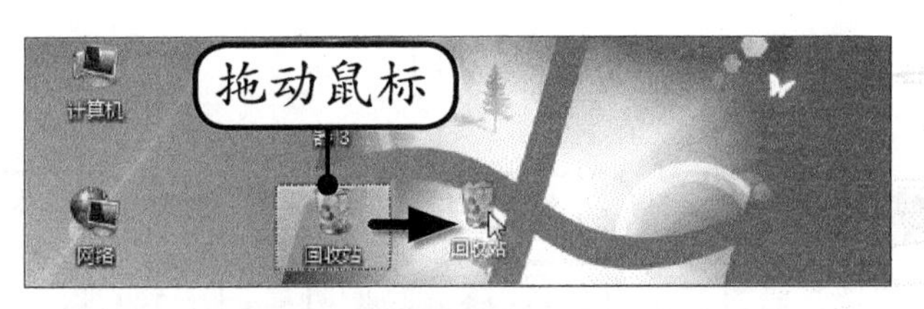

图1-16 拖动鼠标移动“回收站”图标

4 单击鼠标右键显示快捷菜单

单击鼠标右键常用于弹出目标对象的快捷菜单，方法为：将鼠标指针移到目标对象上后，用右手中指轻轻按下鼠标右键后快速松开，即可打开该对象的快捷菜单，如图1-17所示，为右击桌面“网络”图标后打开的快捷菜单。

图1-17 右击桌面“网络”图标后的效果

小提示 拖动鼠标选择多个对象

在要选择的多个对象的空白处按住鼠标左键不放，拖动鼠标指针时将会出现一个方框，释放鼠标后，方框内的对象将自动被同时选中。

1.4 如何使用键盘

老年朋友除了要掌握鼠标的正确使用方法外，还应该学会使用键盘，这样才能顺利地操作电脑。

1.4.1 认识键盘分区

键盘上有很多个键位，为了快速认识键盘，可将其分为主键盘区、功能键区、编辑键区、小键盘区和状态指示灯区5个区域，如图

1-18所示。各区域的功能分别介绍如下。

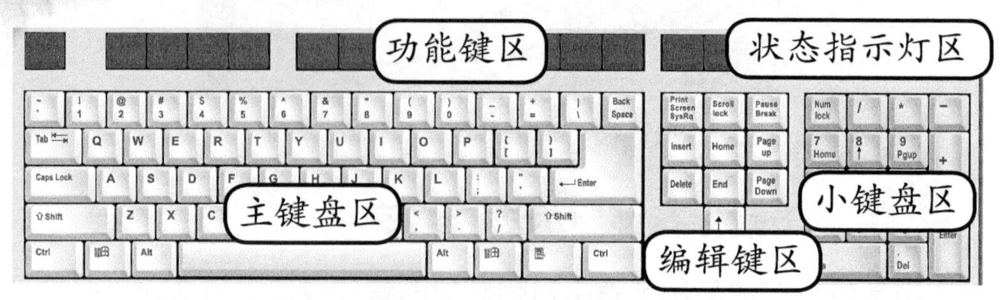

图1-18　键盘的分区

主键盘区：是使用频率最高的区域，如图1-19所示，其中包括"Ctrl"键、"Shift"键、"Alt"键和"Enter"键等控制键，按下键盘中的控制键后，不会出现任何符号，但这些按键会帮助我们完成很多其他功能。下面将部分按键的功能列入表1-1中。

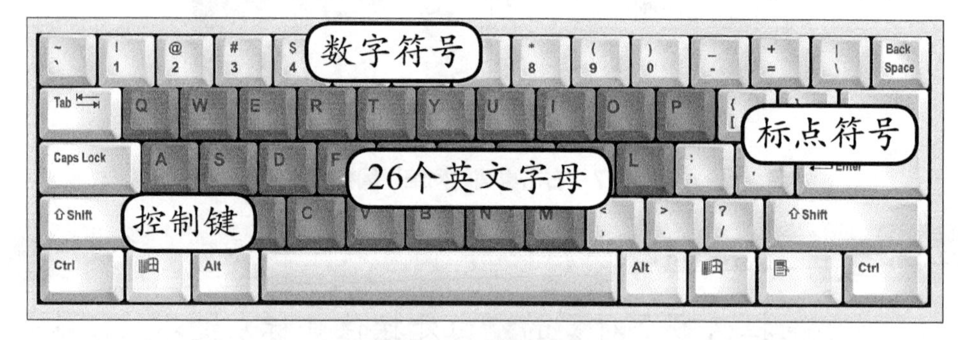

图1-19　主键盘区

表1-1　主键盘区中部分按键的功能

键位	名称	作用
Caps Lock	大写字母锁定键	在输入英文字母时，用于大小写字母输入的切换，若当前是大写字母输入状态，按下该键后可转换为小写字母输入状态，输入完后再次按该键将返回大写字母输入状态
⇧Shift	上挡键	主要用于输入双挡字符键中的上挡字符，也可以配合其他键一起使用。如按"Shift+F11"组合键，可打开右键快捷菜单
Ctrl	控制键	键盘上有2个"Ctrl"键，该键位于主键盘区的下方，它必须与其他键配合使用才能产生一定的功能，如按"Ctrl+X"组合键，可剪切所选对象

续表

键位	名称	作用
	“Win”键	按该键可打开“开始”菜单
Alt	控制键	“Alt”键在键盘上有两个，通常与其他键配合使用，如按“Alt+F4”组合键，可以关闭当前窗口或退出当前程序
	双挡字符键	在主键盘区中，有的按键有2个字符，直接按下该键，将输入下面的标识字符，如果要输入上面标识的字符，则需在按住“Shift”键的同时再按该键
	空格键	它是键盘中最长的一个键，在进行文字输入时按一次此键，将插入一个空白字符，同时光标向右移动一格
Back Space	退格键	主要用于在进行文字编辑时删除字符。按一次该键，将删除光标左侧的一个字符，同时光标向左移动一格
Enter	回车键	该键主要用于确认和执行命令，在输入文档时，该键的作用是换行

功能键区：该区域共16个按键，如图1-20所示。这些按键主要用于执行一些特殊操作。其中“F1”～“F12”键在运行不同的软件时，功能也不同，下面将介绍部分按键的功能，如表1-2所示。

Esc F1 F2 F3 F4 F5 F6 F7 F8 F9 F10 F11 F12 Wake Up Sleep Power

图1-20 功能键区

表1-2 功能键区中部分按键的功能

键位	名称	作用
Esc	退出键	一般在退出或取消操作时使用，如在使用全屏观看网络视频时，按下该键可退出全屏模式
Wake Up	唤醒键	按该键可以使处于休眠状态的电脑恢复正常
Sleep	休眠键	按该键可以使电脑进入休眠状态
Power	关机键	按该键可以快速关闭电脑

编辑键区：主要用于控制输入字符时文本插入点在文档中的位置，该区域下方有“↑”、“←”、“↓”、“→”4个方向键，如图1-21所示，主要用于调整插入光标的位置。

小键盘区： 又称为数字键区，是为了方便输入数字和运算符号而设计的，如图1-22所示，其中有10个双挡字符键，其功能与其他键区对应键的功能相同。

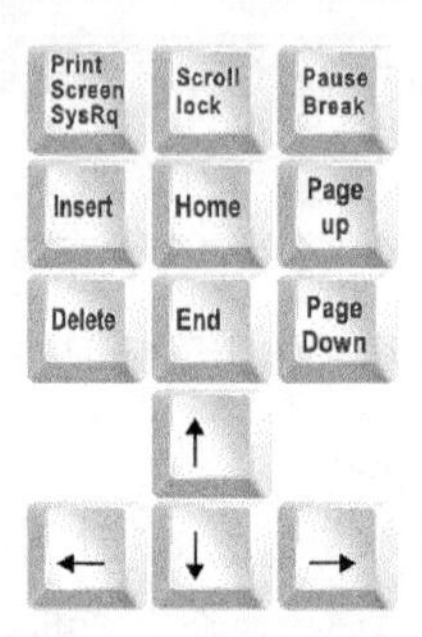

图1-21　编辑键区

图1-22　小键盘区

状态指示灯区： 主要用于显示当前键盘的状态，“Num Lock”是左数第一个指示灯，灯亮表示可以使用小键盘；“Caps Lock”是第二个指示灯，灯亮表示可以输入大写字母；“Scroll Lock”是第三个指示灯，灯亮表示滚屏锁定。

1.4.2　正确使用键盘

在使用键盘输入字符之前，首先要了解手指在键盘上的分布情况，如图1-23所示。在击键时，双手要按规则分别放在基准键位上，当击键完成后，手指应快速回到基准键位，以便进行下一次击键操作。

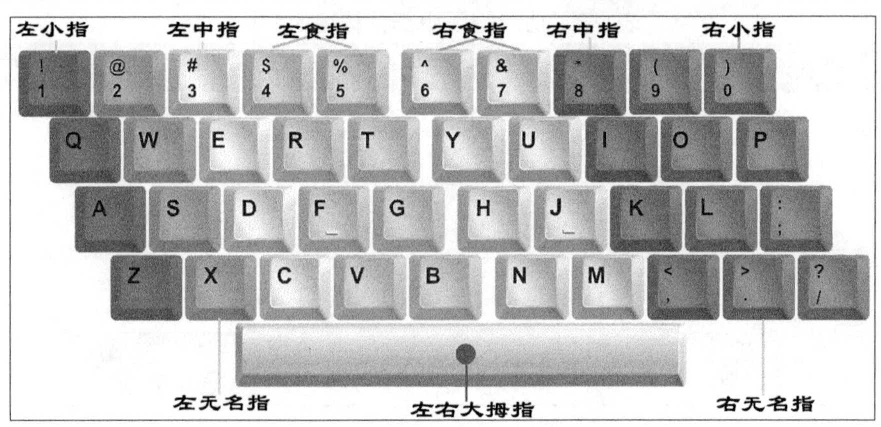

图1-23　手指分布图

键盘上有8个基准键位，即“A”、“S”、“D”、“F”和“J”、“K”、“L”、“;”，在不按键时，双手大拇指放在空格键

上，其余手指应放在相应的基准键位上，各个手指的分布如图1-24所示。这样才能灵活高效地进行击键操作。

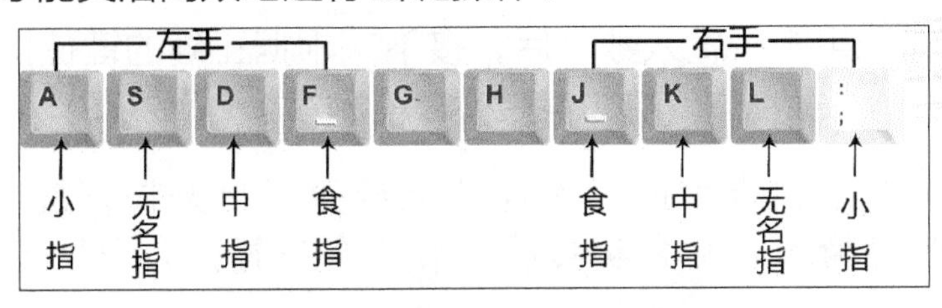

图1-24　基准键位手指分布图

1 练习使用键盘输入数字

学习和了解键盘的各个键区和敲击键盘的要领后，下面将在记事本程序中练习使用键盘输入数字，其具体操作如下。

1. 单击桌面左下角的按钮，打开“开始”菜单，然后将鼠标指针移至“所有程序”选项上，此时，将展开如图1-25所示的“所有程序”列表。

2. 在“所有程序”列表中单击“附件”文件夹，然后在打开的文件夹列表中单击“记事本”选项，如图1-26所示。

图1-25　展开“所有程序”列表

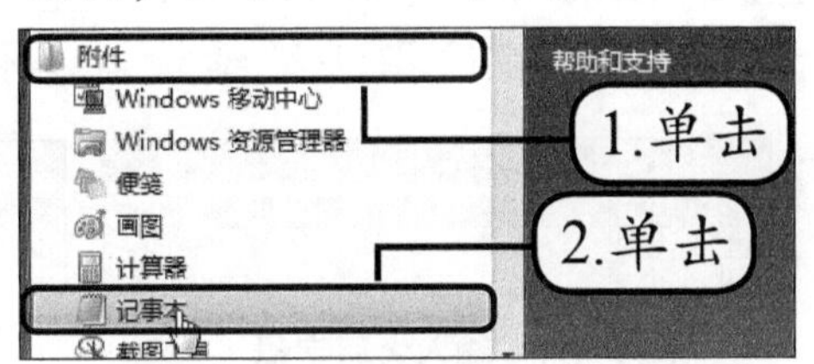

图1-26　选择“记事本”程序

3. 此时将启动记事本程序，窗口中有一条不断闪烁的竖线，如图1-27所示，即为输入光标，输入的字符将出现在输入光标处，光标会随着字符的输入而后移。

4. 在键盘上依次按下小键盘区的数字键“0”键、“1”键、“2”键和“3”键，将输入数字“0123”，如图1-28所示。

图1-27　启动“记事本”程序

图1-28　使用键盘输入数字

2 练习使用键盘输入字母

成功在记事本中输入数字后，接下来根据正确的键位指法继续练习使用键盘输入大小写字母，其具体操作如下。

1. 将双手放在键盘中的基准键位上后，利用大拇指敲击2次空格键，此时输入光标自动向后移动两个字符，如图1-29所示。

2. 利用左手小指、食指和中指依次敲击键盘上的“A”、“S”和“D”键，输入小写字母“a”、“s”、“d”，如图1-30所示。

图1-29　输入空格

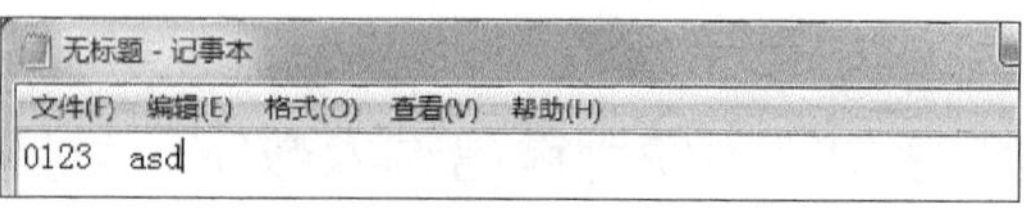

图1-30　输入小写字母

3. 将手指迅速返回基准键位，按“Enter”键换行，然后再按下“Caps Lock”键，进入大写字母输入状态。此时利用右手食指和中指依次按下“U”和“I”键，如图1-31所示。

4. 再次按下“Caps Lock”键，恢复到小写字母输入状态，按照正确的键位指法继续输入其他小写字母，如图1-32所示。

图1-31　输入大写字母

图1-32　输入小写字母

小提示　利用控制键输入大写字母

为了提高输入速度，可直接利用控制键输入大写字母。方法为：按住“Shift”键不放的同时，再按要输入的字母键，即可快速输入相应的大写字母。

3 练习使用键盘输入符号

学会使用键盘输入数字和字母的方法后，下面继续在记事本中练习输入双挡字符键中的上挡和下挡字符，其具体操作如下。

❶ 按“Enter”键换行后，利用右手无名指按 键，将输入双挡字符键中的下挡字符“,”，如图1-33所示。

❷ 按住“Shift”键不放，再利用右手无名指按 键，将输入上挡字符“<”，如图1-34所示。

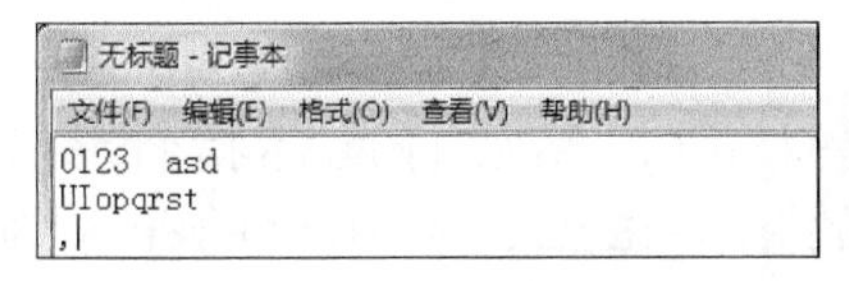

图1-33 输入下挡字符

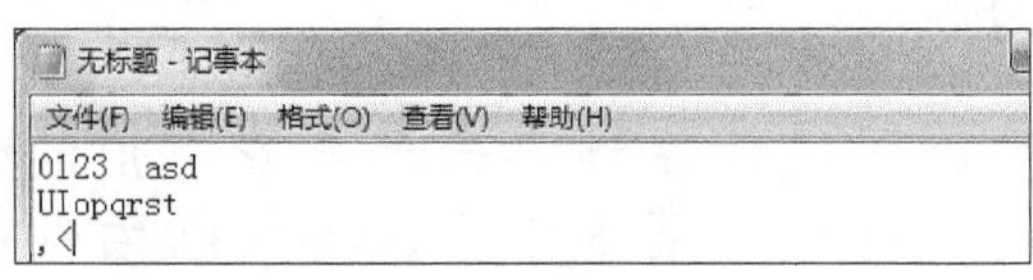

图1-34 输入上挡字符

❸ 按照相同方法，继续在记事本中输入如图1-35所示的符号。

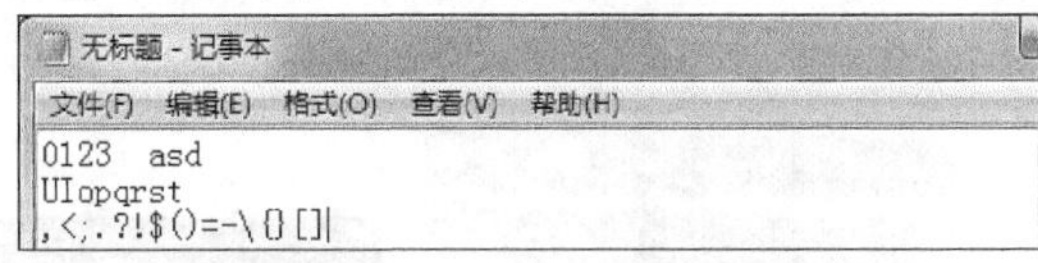

图1-35 输入其他符号

1.4.3 敲击键盘的注意事项

在敲击键盘时，掌握正确的击键要领并养成良好的击键习惯，不仅能快速有效地在电脑中输入想要的字符，而且还不会产生疲劳感。初学电脑的老年朋友还要注意一些事项，最好不要随意乱敲击。

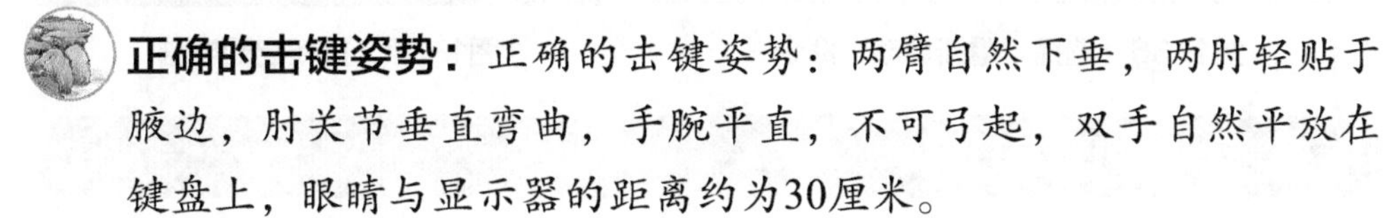

正确的击键姿势： 正确的击键姿势：两臂自然下垂，两肘轻贴于腋边，肘关节垂直弯曲，手腕平直，不可弓起，双手自然平放在键盘上，眼睛与显示器的距离约为30厘米。

正确的击键方法： 严格按照键位分工进行击键，敲击键盘时，用指尖垂直向键位使用冲力后手指应迅速松开，否则将连续输入一长串相同的字符。击键时用力不要太大，敲击一下即可。击键时主要是指关节用力，而不是手腕用力，否则容易疲劳。

1.5 正确重启和关闭电脑

学会正确打开电脑后，有的老年朋友就会问，如果不想使用电脑了，该如何关闭它呢？其实，电脑的打开和关闭都有一定的顺序，下面就来一起来学习怎样正确地重启和关闭电脑。

1.5.1 重启电脑

在使用电脑的过程中，当遇到某些故障或死机现象时，可以尝试重新启动电脑。重新启动是指关闭所有程序并退出操作系统，然后重新启动电脑的过程，其具体操作如下。

1. 利用鼠标左键单击屏幕左下角的按钮，然后将鼠标指针移至“开始”菜单中按钮右侧的按钮上，在弹出的子菜单中选择“重新启动”命令，如图1-36所示。

2. 此时，系统将关闭所打开的程序，并关闭电脑，然后重新启动电脑，如图1-37所示。

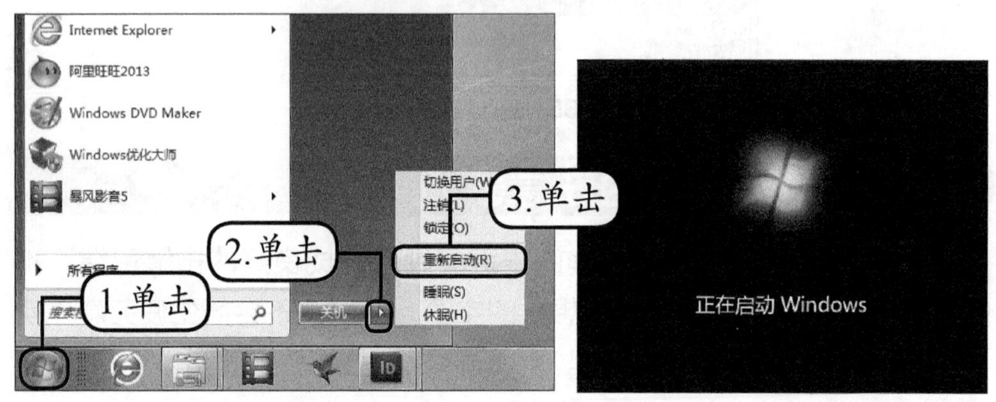

图1-36　选择“重新启动”命令　　图1-37　重新启动电脑

1.5.2 关闭电脑

关闭电脑不能像关闭家用电器一样直接按下电源开关，而需要通过简单的操作来完成，否则可能会导致数据信息丢失，有时还容易损坏电脑。因此，养成正确的关机习惯是非常重要的，其具体操作如下。

1. 关闭电脑中所有打开的窗口和应用程序后，利用鼠标左键单击屏幕左下角的按钮，在打开的“开始”菜单中单击按钮，如图1-38所示。

2. 此时，屏幕将显示“正在关机”，如图1-39所示，稍作等待后主机电源将自动关闭，然后按下显示器的电源按钮，关闭显示器，最后再关闭其他外部设备（如打印机）和插座电源。

图1-38 单击“关机”按钮

图1-39 等待关闭电脑

提高学习阶段

学习内容： 熟悉操作系统中的各项元素、掌握设置系统的具体操作、学会使用系统自带的辅助工具，下一节将学习这些内容。

学习方法： 首先了解操作系统中的各项元素，然后掌握设置系统主题、外观和鼠标样式的方法，最后学会使用放大镜和讲述人小工具。要求熟练操作窗口、对话框和菜单元素，并熟练设置系统主题和外观。

1.6 熟悉电脑运行环境

电脑运行环境也就是我们常说的操作系统，我们对电脑进行的一切操作都需要在操作系统中进行。Windows 7操作系统是目前较为流行的操作系统。下面就来认识和了解Windows 7操作系统。

1.6.1 桌面

启动电脑进入Windows 7操作系统后，屏幕上首先显示的画面被称作操作系统的桌面，它主要由桌面图标、桌面背景和任务栏组成，如图1-40所示。各组成部分的含义如下。

图1-40 Windows 7桌面

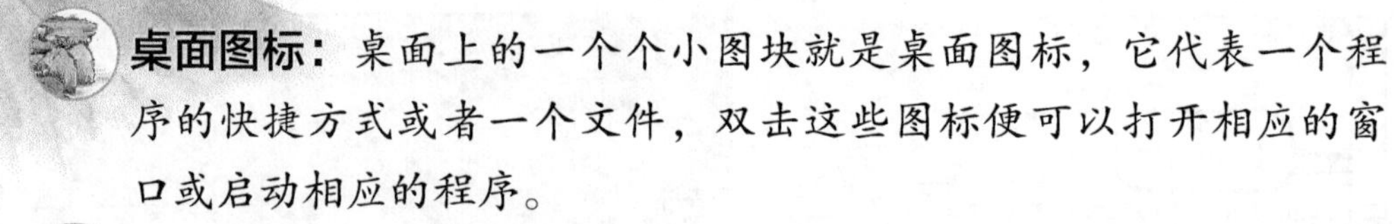

桌面图标：桌面上的一个个小图块就是桌面图标，它代表一个程序的快捷方式或者一个文件，双击这些图标便可以打开相应的窗口或启动相应的程序。

桌面背景：桌面背景又叫壁纸，它可以根据自己的喜好随意更换，更换桌面背景后，桌面效果将更加赏心悦目。

任务栏：位于桌面最下方，主要由“开始”按钮、程序按钮区、语言栏和时间/日期区4部分组成，如图1-41所示。

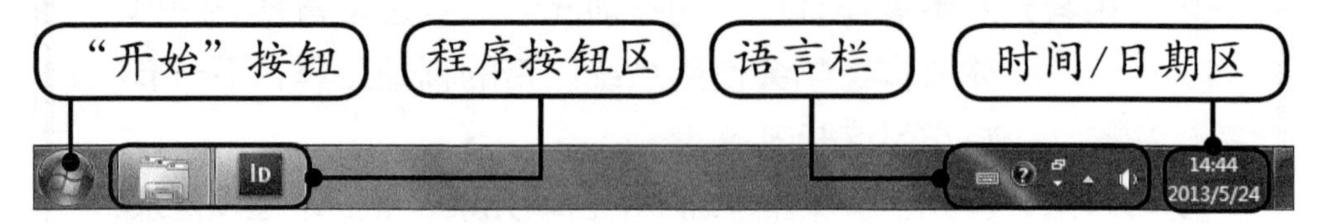

图1-41　任务栏

1 排列桌面图标

为了使桌面上杂乱无章的图标变得井然有序，可以通过Windows 7操作系统提供的多种排列桌面图标的命令来实现。操作方法为：在桌面空白区域单击鼠标右键后，在弹出的快捷菜单中选择“排序方式”命令，然后再在弹出的子菜单中选择相应的排列命令，如图1-42所示。

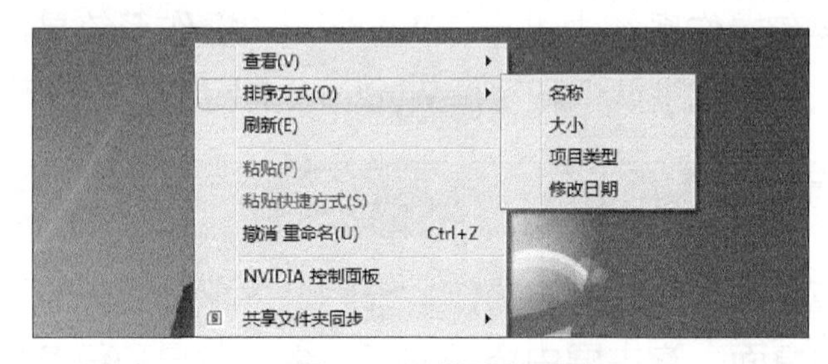

图1-42　排列桌面图标

2 重命名桌面图标

为了使桌面图标名称一目了然，可以根据实际需求重新为图标取名字，也就是所谓的“重命名”，方法为：在需要重命名的图标上单击鼠标右键，然后在弹出的快捷菜单中选择“重命名”命令，其图标下方的名称将变为可编辑状态，此时输入新的名称即可，如图1-43所示。

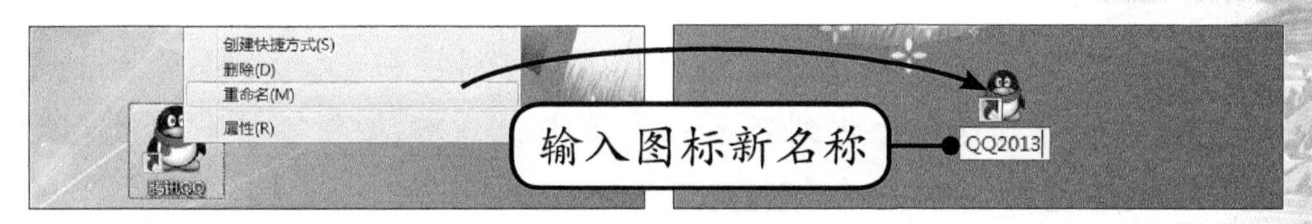

图1-43　重命名桌面图标

3 选中多个桌面图标

在选择桌面图标时，如果配合键盘上的“Shift”键或“Ctrl”键，就可以快速选择多个连续或不相邻的图标。方法为：先用鼠标选中第一个图标，然后按住“Shift”键再单击最后一个图标，即可选中这两个图标之间的所有图标，如图1-44所示；选中第一个图标后再按住“Ctrl”键，此时单击其他图标则可选中任意不相邻的图标，如图1-45所示。

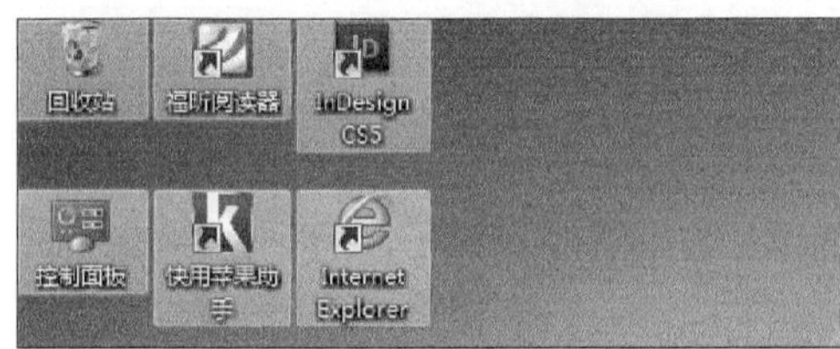

图1-44　选中相邻的多个图标

图1-45　选中不相邻的多个图标

1.6.2 窗口

在Windows 7操作系统中，大部分程序在使用和操作时，都是以窗口的形式呈现在桌面上，这些窗口的组成部分大致相同，主要包括标题栏、地址栏、搜索框、工具栏和导航窗格等。下面以“计算机”窗口为例来介绍窗口的组成部分，如图1-46所示。

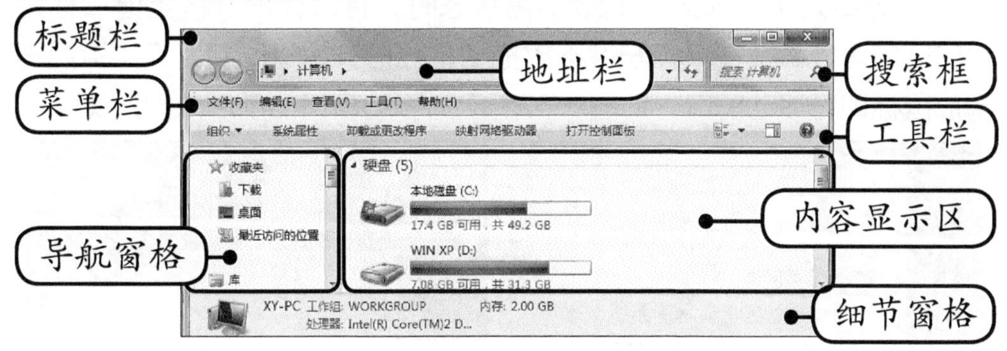

图1-46　“计算机”窗口

- **标题栏：**位于窗口顶部，右侧有3个控制按钮，单击按钮可将窗口最小化到任务栏，单击或按钮可将窗口最大化显示或还原显示，单击可关闭窗口。
- **地址栏：**用于显示当前窗口中文件在系统中的位置，可通过单击左侧的、或按钮，执行窗口的返回、前进或跳转操作。
- **搜索框：**用于快速搜索电脑中的程序和文件，只需在搜索框中输入需要搜索的文件或文件夹的全部或部分名称后按“Enter”键，系统就会自动搜索出对应文件，并在内容显示区中显示搜索结果。
- **菜单栏：**位于地址栏下方，其中包含了对窗口进行操作的所有命令。通过在菜单中选择命令，可执行相应的操作。
- **工具栏：**位于菜单栏下方，该栏会根据窗口中显示或选择的对象而发生同步变化，以便用户进行快速操作。单击其中的按钮，可在打开的下拉菜单中执行各种文件管理操作。
- **导航窗格：**单击导航窗格文件夹列表中的文件夹，即可快速打开或切换到相应的文件夹或窗口中。
- **内容显示区：**用于显示当前窗口包含的对象或内容，只需双击对象图标便可查看详细内容。
- **细节窗格：**位于窗口底部，用于显示当前窗口中所选对象的信息。在“计算机”窗口中将显示电脑的配置信息。

1 移动窗口

当窗口处于非最大化或最小化状态时，将鼠标指针移至窗口标题栏的空白区域，按住鼠标左键不放拖动鼠标指针，移动到目标位置后再释放鼠标即可移动窗口，如图1-47所示为移动窗口的前后效果对比。

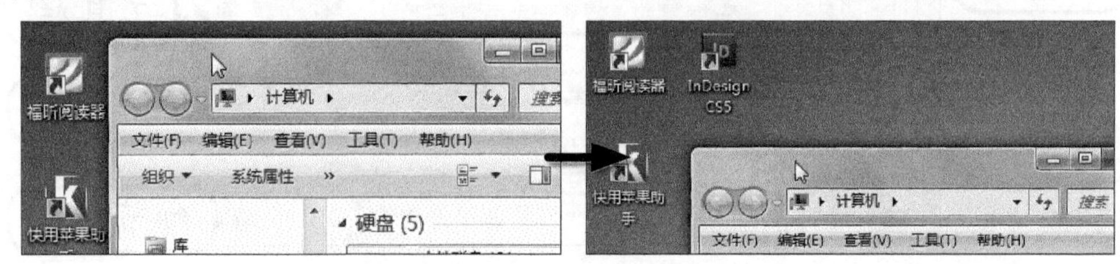

图1-47　移动窗口前后效果对比

2 改变窗口大小

窗口大小，除了可以单击标题栏右侧的按钮来调整外，还可以在窗口不是最大化时，将鼠标指针移至窗口的左右或上下边框上，当其变为⟺或⇕形状时，按住鼠标左键不放进行左右或上下拖动，即可改变窗口的宽度和高度，如图1-48所示。

除此之外，还可以将鼠标指针移至窗口的任意一个角上，当其变为⤡或⤢形状时，按住鼠标左键不放进行斜向上或斜向下拖动，即可同时改变窗口的高度和宽度，如图1-49所示。

图1-48 改变窗口高度

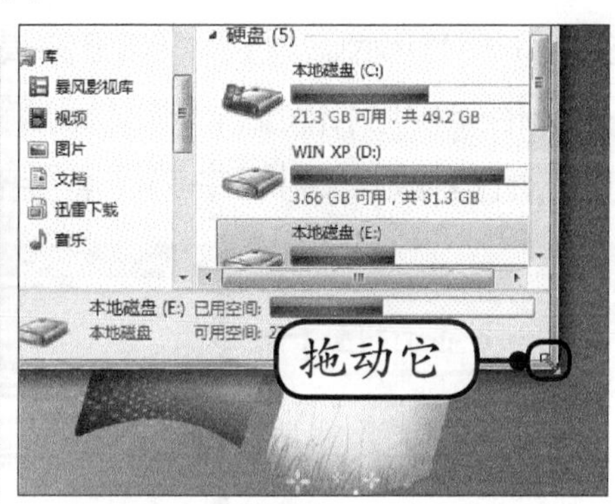

图1-49 同时改变窗口高度和宽度

3 切换窗口

将鼠标指针移至任务栏的某个任务按钮上，此时将展开所有打开的该类型文件的缩略图，单击任意一个缩略图即可快速切换到该窗口，如图1-50所示。

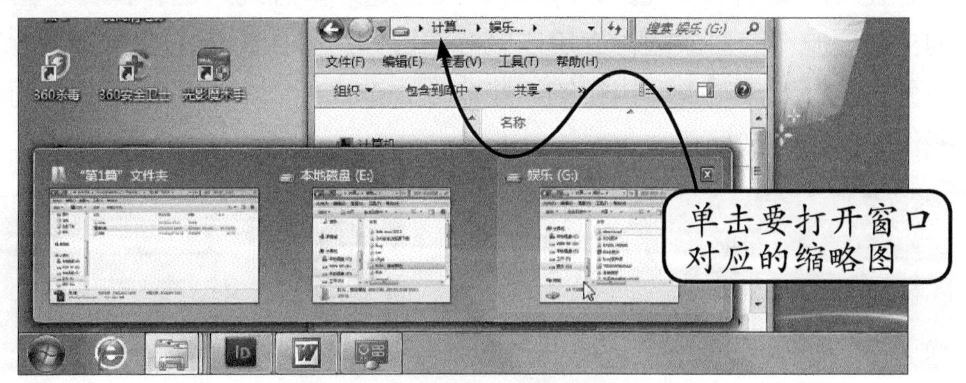

图1-50 利用任务按钮切换窗口

1.6.3 菜单

菜单主要用于存放各种操作命令，Windows 7操作系统中的菜单包括“开始”菜单、右键快捷菜单和窗口下拉菜单等。下面讲解各菜单的含义。

1 “开始”菜单

电脑中几乎所有程序和文件都可以通过“开始”菜单打开。单击桌面左下角的按钮或按键盘上的“Win”键均可打开“开始”菜单，如图1-51所示。直接单击左侧高频显示区和右侧系统控制区的命令可打开相关程序和窗口，将鼠标指针移至“所有程序”文本上则可在展开的“所有程序”列表中选择需要的程序并将其打开。

图1-51 “开始”菜单

2 右键快捷菜单

电脑中的许多对象都可以通过其快捷菜单方式来进行操作。方法为：在要操作的对象图标上单击鼠标右键即可弹出相应的快捷菜单，其中列出了针对该对象可执行的一些命令，选择所需命令后即可执行对应操作，如图1-52所示。

图1-52 利用右键快捷菜单打开QQ登录窗口

3 下拉菜单

下拉菜单通常会出现在系统窗口或应用程序窗口中，其中包含了各种菜单命令，单击相应的菜单项，即可打开其对应菜单，如图1-53所示，在菜单中列出了当前可执行的各种菜单命令。

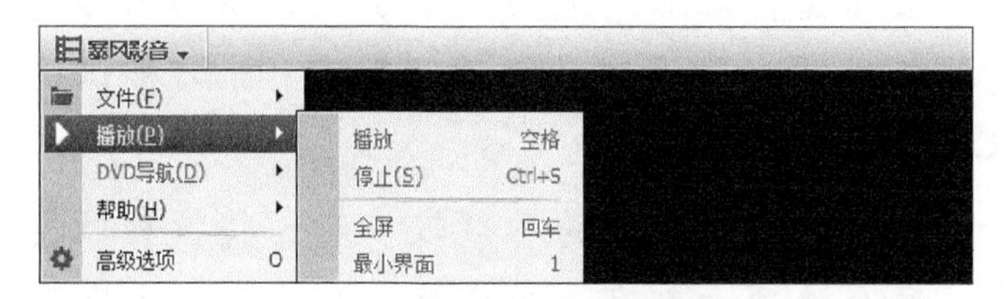

图1-53 下拉菜单

其中，字母标记表示该菜单命令的快捷键，如“Ctrl+P”表示“播放”命令的快捷键；▸标记则表示选择该菜单命令后将弹出相应的子菜单，然后再在打开的子菜单中进行下一步设置。

1.6.4 对话框

对话框不同于窗口，它通常没有地址栏和菜单栏，而且对话框的大小是固定不变的。在Windows 7操作系统和各种应用软件中，选择某个命令或单击某个按钮都有可能打开对话框。下面以图1-54所示的“选项”对话框为例，详细讲解对话框中常用元素的作用。

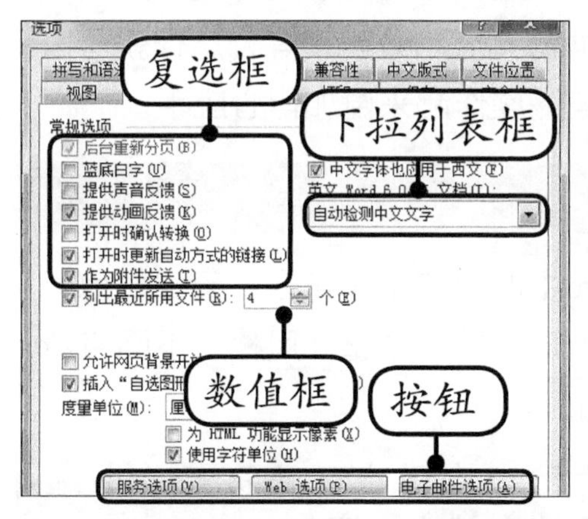

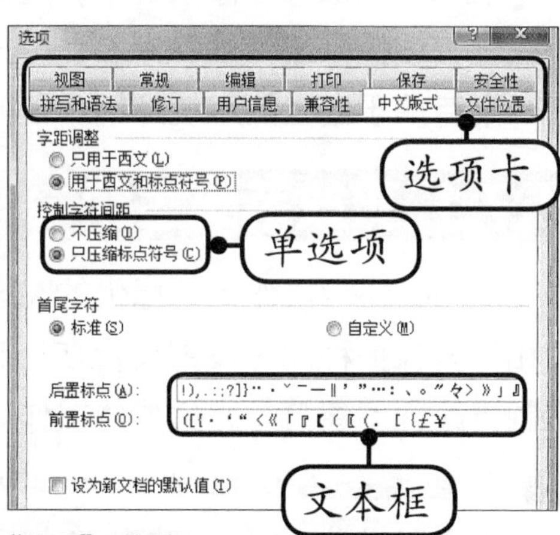

图1-54 “选项”对话框

复选框：用于设置多个可选的并列项目时的选择，选中复选框后可以完成某项操作或功能，同时，复选框前面的□标记变为☑。

- **下拉列表框：** 右侧有一个▾按钮，单击该按钮将弹出下拉列表，在该列表中可以选择所需选项。
- **数值框：** 用于设置对象的具体参数。用户可以直接在数值框中输入所需数值，也可单击右侧的⬍按钮来逐个增加或减小数值。
- **按钮：** 一般为圆角矩形，上面显示了该按钮的名称，单击按钮即可执行相应操作。若按钮名称后面带有“...”标识，表示单击该按钮后将会打开新的对话框。
- **选项卡：** 当一个对话框中的参数较多时，将按参数类别分成几个选项卡，每个选项卡都有一个名称，单击选项卡即可进入相应的设置界面。
- **单选项：** 用于选择设置，选中单选项后，其前面的○标记变为◉。与复选框不同的是，单选项往往会成组出现，并且一组中只能选择一个选项。
- **文本框：** 主要用于输入文字等信息。在文本框中单击定位输入光标后，即可在其中输入相应的文本内容。

1.7 让电脑符合使用习惯

在Windows 7操作系统中，可以设置个性化的系统环境，如更改系统主题、设置系统外观，以及调整屏幕亮度和分辨率等，这样就可以打造一个专属于自己的系统环境，让电脑操作起来更加得心应手。

1.7.1 更改系统主题

Windows 7操作系统提供的Aero主题是将桌面背景、窗口颜色、声音和屏幕保护程序等设置集合在一起形成的一个整体风格。下面将Aero主题更改为“建筑”，其具体操作如下。

1. 在桌面空白区域单击鼠标右键，在弹出的快捷菜单中选择“个性化”命令，此时将打开“个性化”窗口。
2. 在窗口中间的列表框的“Aero主题”栏中单击“建筑”主题，如图1-55所示。

❸ 单击窗口标题栏右侧的 x 按钮，关闭“个性化”窗口，此时Windows 7操作系统的外观将自动应用“建筑”主题，效果如图1–56所示。

图1–55 单击要应用的主题

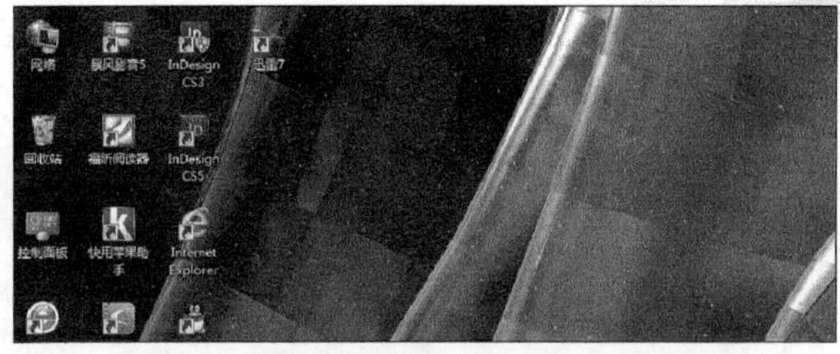

图1–56 更改系统主题后的效果

1.7.2 设置系统外观

设置系统外观包括更换桌面壁纸、改变字体显示大小和设置屏幕保护程序等，上述操作都可以在“个性化”窗口中进行，下面将分别介绍其设置方法。

1 更换桌面壁纸

Windows 7操作系统默认的桌面壁纸会稍显单调和乏味。此时，可以将桌面背景更换为自己喜欢的风景照或亲人照片，其具体操作如下。

❶ 按照前面介绍的方法打开“个性化”窗口，然后单击窗口底部的“桌面背景”超级链接，如图1–57所示。

❷ 打开“桌面背景”窗口，单击“图片位置”下拉列表框右侧的 浏览(B)... 按钮，打开“浏览文件夹”对话框，选择“女儿婚纱照片”文件夹，然后单击 确定 按钮，如图1–58所示。

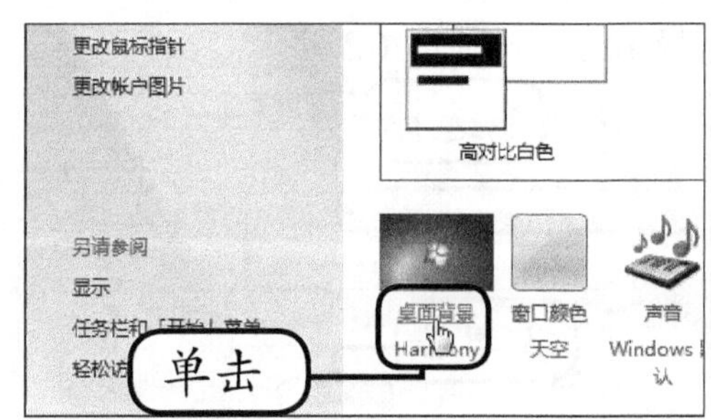

图1–57 单击“桌面背景”超级链接

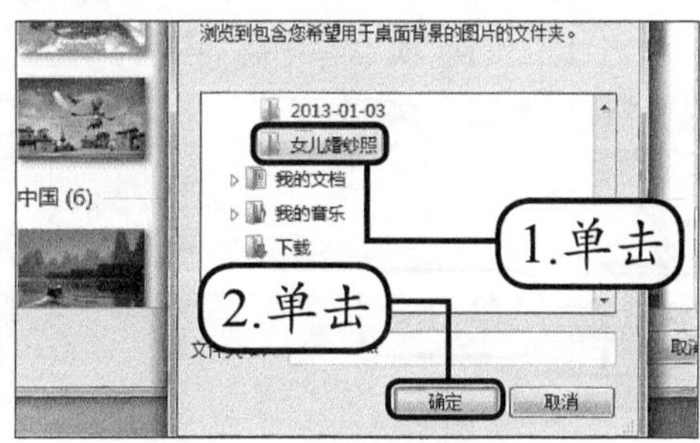

图1–58 选择桌面背景图片位置

3 返回"桌面背景"窗口，此时列表框中将显示"女儿婚纱照"文件夹中的所有照片，选中喜欢的照片，然后单击保存修改按钮，完成设置，如图1-59所示。

4 返回"个性化"窗口，单击标题栏右侧的 x 按钮，返回桌面，此时桌面背景将显示为女儿的照片，如图1-60所示。

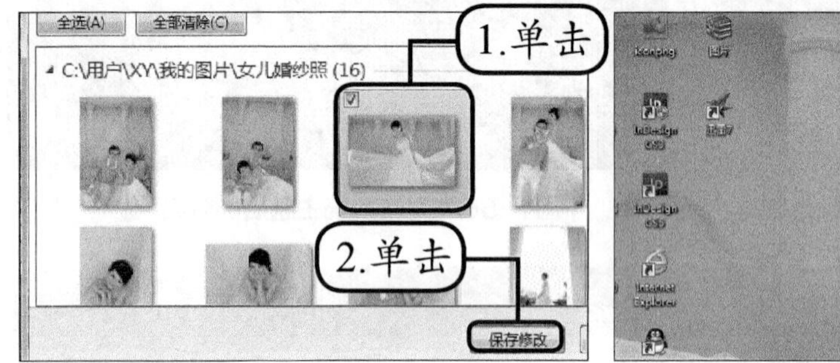

图1-59 选择照片　　图1-60 查看新桌面

2 改变字体显示大小

某些老年朋友可能会觉得屏幕上的图标和窗口中显示的文字太小，看起来比较吃力。为了更容易阅读屏幕上的内容，可以适当增大窗口中显示的文字，其具体操作如下。

1 打开"个性化"窗口，单击底部的"窗口颜色"超级链接。

2 打开"窗口颜色和外观"窗口，滚动鼠标滚轮，直至将窗口中未显示的内容全部显示出来，然后单击"高级外观设置"超级链接，如图1-61所示。

3 打开"窗口颜色和外观"对话框，在下方的"项目"下拉列表框中选择"菜单"选项，在"大小"下拉列表框中选择"13"选项，然后单击确定按钮，如图1-62所示。

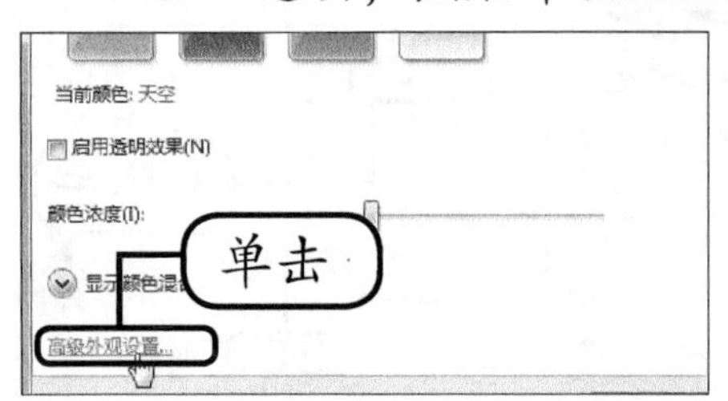

图1-61 单击"高级外观设置"超级链接

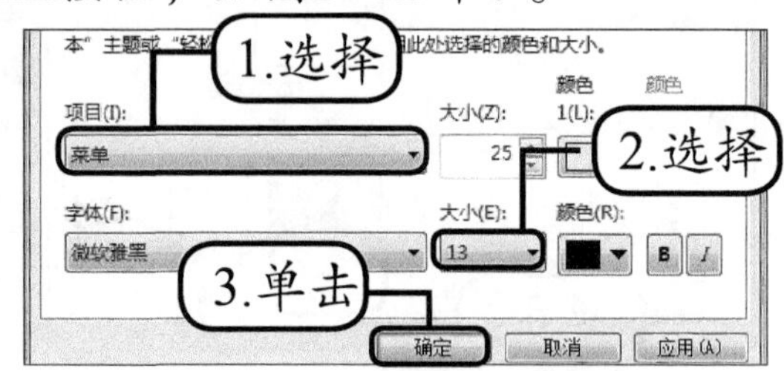

图1-62 调整菜单栏的字体大小

4 此时，电脑显示器屏幕将黑屏并自动调整，返回“窗口颜色和外观”窗口中，发现该窗口中菜单栏的字体变大了。

1.7.3 更改鼠标指针样式

看惯了Windows 7操作系统自带的鼠标样式，是否想尝试一些新的鼠标指针样式呢？下面就将鼠标指针更改为“Windows 标准（特大）”样式，其具体操作如下。

1 打开“个性化”窗口后，单击窗口左侧的“更改鼠标指针”超级链接，如图1-63所示。

2 打开“鼠标 属性”对话框中的“指针”选项卡，在“方案”下拉列表中选择“Windows 标准(特大)（系统方案）”选项，然后单击 确定 按钮，如图1-64所示。此时，鼠标指针将自动变大。

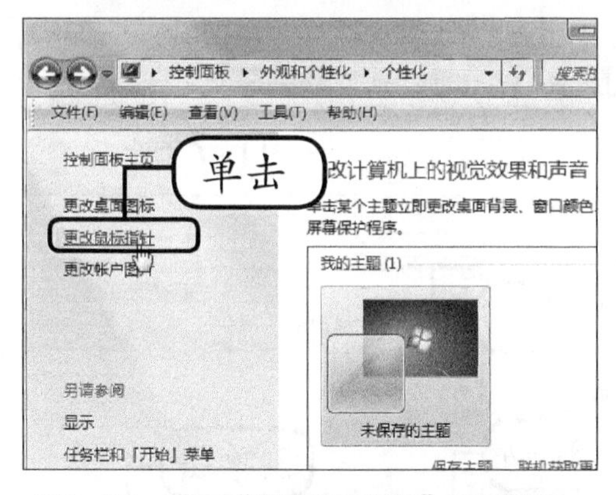

图1-63 单击“更改鼠标指针”超级链接

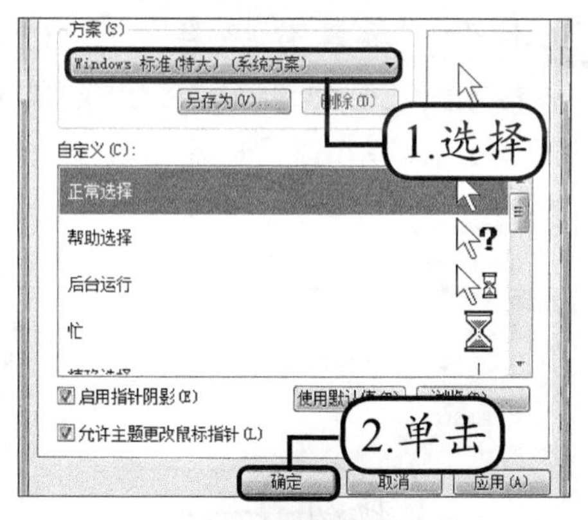

图1-64 选择要应用的指针样式

1.7.4 调整屏幕亮度和分辨率

为了保护视力健康，老年朋友可以手动降低显示器屏幕的亮度，让屏幕看起来不那么刺眼。此外，还可以通过更改屏幕分辨率，来增大图标和窗口文字。需要注意的是，分辨率越高，桌面图标就越小，其具体操作如下。

1 选择【开始】/【控制面板】命令，打开“控制面板”窗口，单击其中的“硬件和声音”超级链接，如图1-65所示。

2 打开“硬件和声音”窗口，单击“电源选项”栏中的“调整

屏幕亮度”超级链接，如图1-66所示。

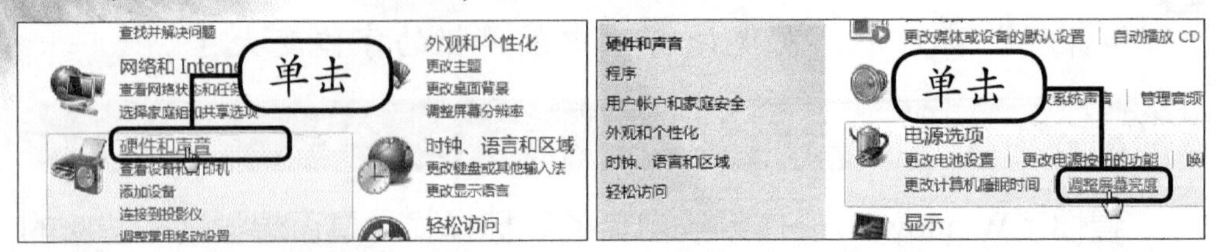

图1-65　单击“硬件和声音”超级链接　　　图1-66　单击“调整屏幕亮度”超级链接

❸ 打开“电源选项”窗口，将鼠标指针移至“屏幕亮度”对应的滑块上，单击并拖动滑块调整屏幕亮度，如图1-67所示。向左拖动表示降低亮度，反之则增加亮度。

❹ 单击“电源选项”窗口地址栏中的“控制面板”选项，返回“控制面板”窗口，在“外观和个性化”栏中单击“调整屏幕分辨率”超级链接。

❺ 打开“屏幕分辨率”窗口，单击“分辨率”右侧的 1366 × 768 (推荐) 按钮，在弹出的下拉菜单中单击并拖动滑块，使其指向“800×600”选项，然后单击 确定 按钮，如图1-68所示。

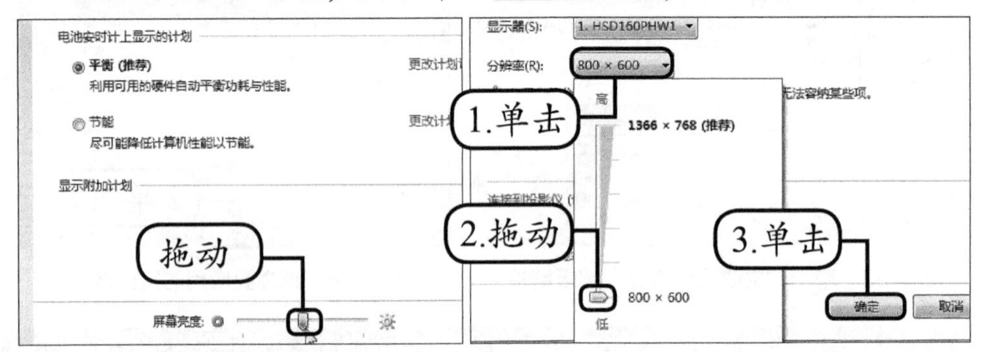

图1-67　调整屏幕亮度　　　图1-68　设置屏幕分辨率

❻ 此时电脑显示器屏幕将黑屏并自动调整，稍后显示调整效果，并弹出“显示设置”对话框，单击 保留更改(K) 按钮完成设置。

1.8　对老年人有用的辅助工具

Windows 7操作系统提供了多种适合老年朋友使用的辅助工具，如可以使用“计算器”帮忙算账、使用便笺写备忘记录等。下面主要介绍放大镜和讲述人这两种辅助工具的使用方法。

1.8.1 放大镜

对于视力不太好的老年朋友来说，可能会觉得电脑上的文字太小，看起来比较费劲，此时可以使用Windows 7操作系统自带的放大镜程序，将屏幕上显示的局部画面放大，以便查看。其具体操作如下。

1. 选择【开始】/【所有程序】/【附件】/【轻松访问】/【放大镜】命令，启动“放大镜”程序，如图1-69所示。
2. 此时显示屏幕顶部将出现放大区域，该区域显示的是鼠标指针附近的放大图像，效果如图1-70所示。

图1-69 启动“放大镜”程序

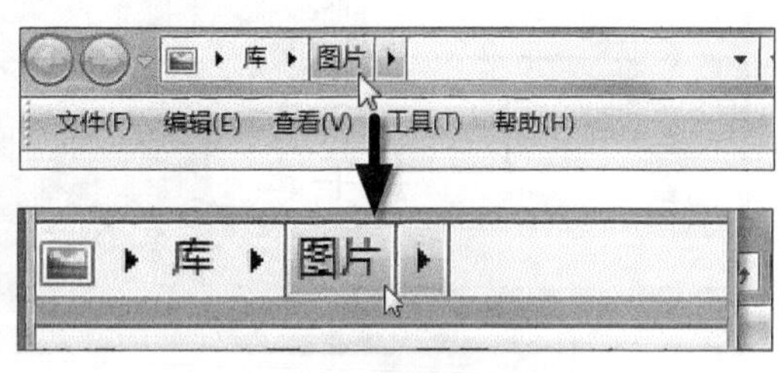

图1-70 查看放大效果

3. 在放大镜对话框中可以设置放大的倍数，单击⊖按钮减小放大比例，单击⊕按钮增加放大比例，如图1-71所示。
4. 单击放大镜对话框中的⚙按钮，可在打开的“放大镜选项”对话框中设置放大镜的相关参数，如图1-72所示。

图1-71 设置放大比例

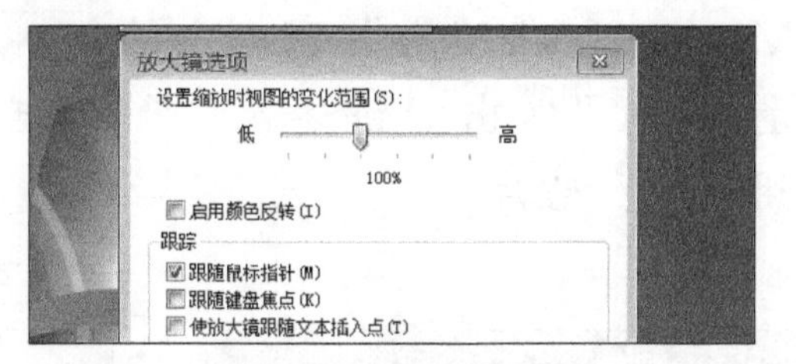

图1-72 设置放大镜参数

1.8.2 讲述人

“讲述人”是Windows 7操作系统提供的非常实用的一个基本屏幕读取器。通过它，电脑可以将屏幕上的文本内容高声阅读出来。除此之外，用户还可以根据需要选择阅读文本。下面将使用该程序阅读在记事本中输入的字母，其具体操作如下。

❶ 选择【开始】/【所有程序】/【附件】/【记事本】命令，启动“记事本”程序。

❷ 选择【开始】/【所有程序】/【附件】/【轻松访问】/【讲述人】命令，启动“讲述人”程序，如图1-73所示。

❸ 稍后将在桌面的右下角显示“Microsoft 讲述人”窗口，在“主要‘讲述人’设置”栏中只选中“回显用户的按键”复选框，如图1-74所示，设置讲述人要朗读的内容。

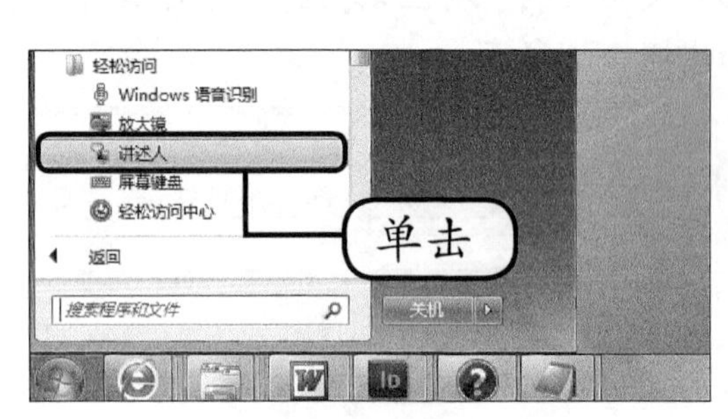

图1-73 启动“讲述人”程序

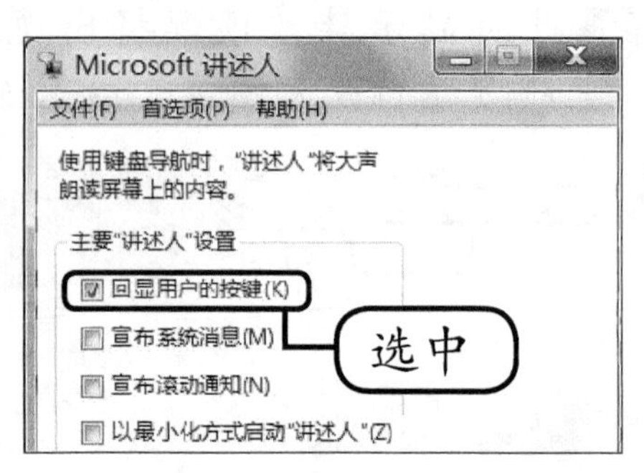

图1-74 设置讲述人的朗读方式

❹ 单击“记事本”窗口，在输入光标处根据正确的键位指法，输入图1-75所示的内容，此时，电脑会自动朗读输入的每一个字符。

❺ 完成输入操作后，如果不需要继续朗读输入文本，则可单击“Microsoft 讲述人”窗口中的退出(X)按钮，如图1-76所示，在打开的“退出‘讲述人’”对话框中单击是(Y)即可退出“讲述人”程序。

图1-75 电脑自动朗读输入文本

图1-76 单击“退出”按钮

练习阶段

练习内容：打开电脑排列桌面图标，设计自己喜欢的桌面。

视频路径：光盘:\第1天\练习阶段\练习一.swf、练习二.swf。

练习一 打开电脑并排列桌面图标

下面练习通过拖动鼠标的方法，将桌面上的系统图标排列成一个矩形，完成后的最终效果如图1-77所示。

步骤提示

◎ 成功接通电源后，先按下显示器的开关按钮，再按主机上的开关按钮。

◎ 在Windows 7操作系统桌面上单击鼠标右键，在弹出的快捷菜单中选择“查看”命令，然后在弹出的子菜单中选择“自动排列图标”命令，取消该命令前的✓标记。

在要移动的桌面图标上单击并拖动鼠标调整其位置。

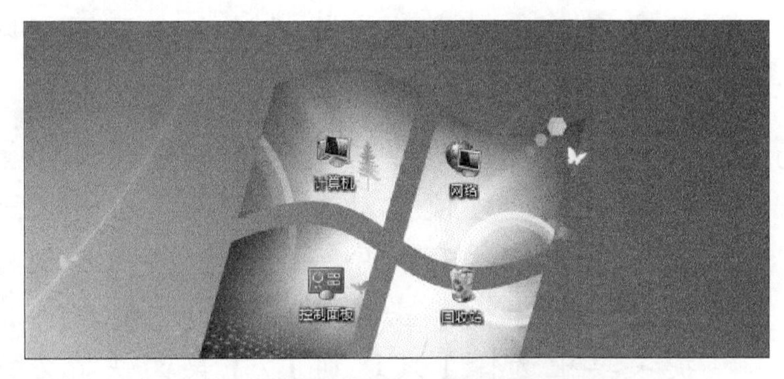

图1-77 排列桌面图标

练习二 设计自己喜欢的桌面

下面练习将桌面更换成自己喜欢的图片，完成后的最终效果如图1-78所示。

步骤提示

◎ 用鼠标右键打开“个性化”窗口，单击其中的“桌面背景”超级链接。

◎ 在“桌面背景”窗口中单击“中国”组中的“雪中长城”图片。

◎ 返回“个性化”窗口，单击“窗口颜色”超级链接，在打开的窗口中选中“启用透明效果”复选框。

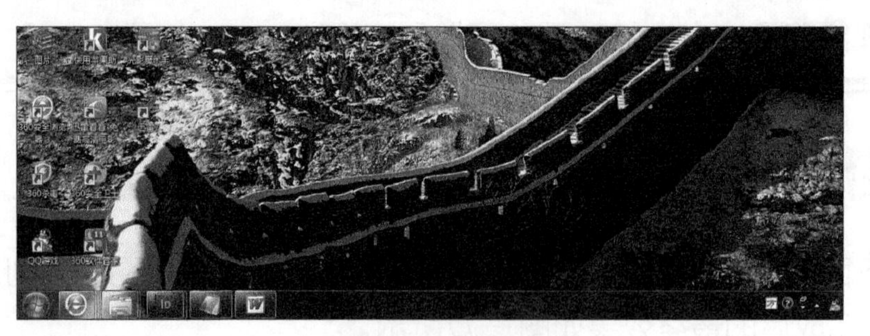

图1-78 设计桌面

更上一层楼

添加桌面小工具
创建桌面快捷图标

技巧一： 在桌面空白区域单击鼠标右键，在弹出的快捷菜单中选择“小工具”命令，可打开一个小工具库窗口，双击其中提供的小工具图标即可在桌面上显示该工具。

技巧二： 对于经常使用的程序或软件，可为其设置桌面快捷图标，方便启动。方法为：打开“开始”菜单中的“所有程序”列表后，在要创建快捷图标的程序上单击鼠标右键，然后在弹出的快捷菜单中选择【发送到】/【桌面快捷方式】即可，如图1-79所示。

图1-79 创建桌面快捷图标

第2天

在电脑中这样打字

学习目标

在使用电脑时，除了要掌握基本的电脑操作外，学会在电脑中输入所需汉字也是至关重要的。下面将详细介绍如何在电脑中打字，涉及的知识包括：选择适合自己的输入法、添加和删除输入法，以及学会使用微软拼音输入法等。

学习内容

- 了解常用输入法
- 学会添加和删除输入法
- 掌握输入法状态条的作用
- 学会使用微软拼音输入法
- 了解语音输入法
- 了解手写输入法

基础学习阶段

学习内容： 选择适合自己的输入法、掌握添加和删除输入法的操作、认识“金山打字通”打字软件。

学习方法： 首先选择适合自己的输入法，然后将其添加到电脑中，最后在“金山打字通”软件中进行模拟打字练习，找找在电脑中打字的感觉。

2.1 打字前的准备工作

老年朋友可能会感到很困惑，电脑中并没有日常生活中所用的纸和笔，要如何才能输入自己想要的汉字呢？别急，在进行打字操作之前，我们首先来了解一下打字前的相关准备工作。

2.1.1 选择适合自己的输入法

输入法种类繁多，除了操作系统自带的输入法外，还可以安装其他输入法。根据汉字的输入方式，输入法主要分为拼音输入法和字形输入法两类，老年朋友可以根据自己的情况来选择。

- **拼音输入法：** 它根据汉字的汉语拼音进行输入，该输入法具有简单、易学的优点，只要懂得汉语拼音就能使用，非常适合老年朋友。常见的拼音输入法包括微软拼音输入法、搜狗拼音输入法等。
- **字形输入法：** 它根据汉字的偏旁部首、笔画和结构进行输入，该输入法的特点是输入速度快，但需要记忆的内容较多，学习起来相对比较复杂。常见的字形输入法包括王码五笔字型输入法、万能五笔字型输入法等。

2.1.2 添加和删除输入法

要想使用操作系统中没有的输入法，需要将其添加到电脑中，然

后才能使用。若想释放电脑的内存空间，则可将无用的输入法删除。

1 添加输入法

输入法列表中显示的并不一定是电脑中安装的全部输入法，此时，可以根据需要添加输入法。下面将添加“搜狗拼音输入法”，其具体操作如下。

1. 在语言栏中的图标上单击鼠标右键，然后在弹出的快捷菜单中选择“设置”命令，如图2-1所示。
2. 打开“文本服务和输入语言”对话框中的“常规”选项卡，单击右侧的添加(D)...按钮，如图2-2所示。

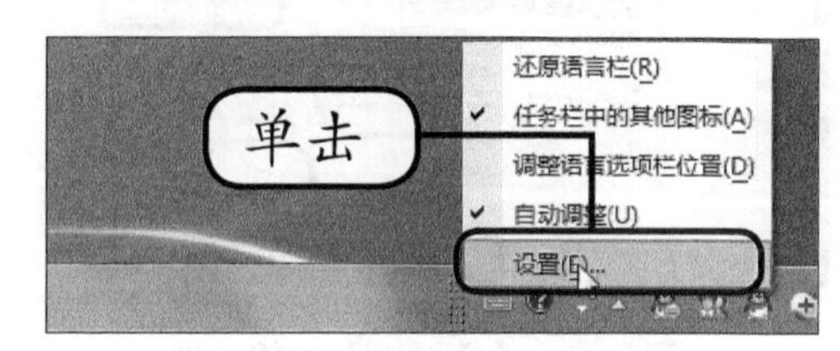

图2-1 选择“设置”命令

图2-2 单击“添加”按钮

3. 打开“添加输入语言”对话框，在中间列表框中选择要添加的输入法，这里选中“中文（简体）-搜狗拼音输入法”复选框，然后单击确定按钮，如图2-3所示。
4. 返回“文本服务和输入语言”对话框，在中间列表框中可以看到添加的“搜狗拼音输入法”，最后单击确定按钮完成添加，如图2-4所示。

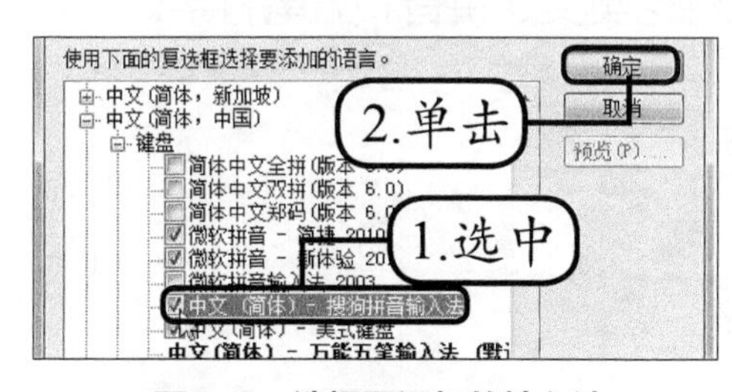

图2-3 选择要添加的输入法

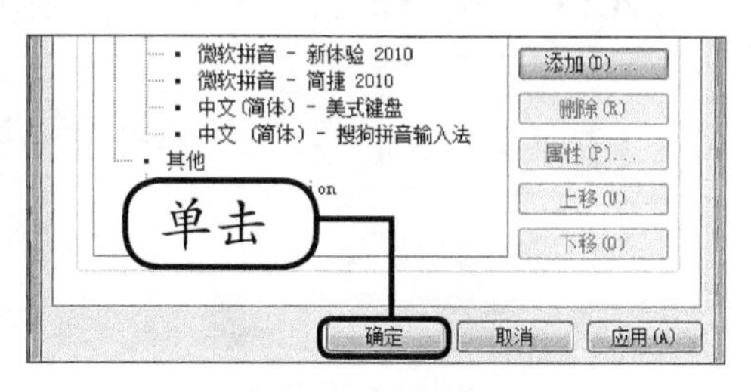

图2-4 确认添加操作

2 删除输入法

对于不再使用的输入法，可以将其从输入法列表中删除。下面将

删除“微软拼音-新体验2010”输入法，其具体操作如下。

1. 在语言栏中的图标上单击鼠标右键，在弹出的快捷菜单中选择“设置”命令，如图2-5所示。

2. 打开“文本服务和输入语言”对话框中的“常规”选项卡，在中间列表框中选择要删除的“微软拼音-新体验2010”输入法，然后单击右侧的 删除(R) 按钮，最后单击 确定 按钮确认删除，如图2-6所示。

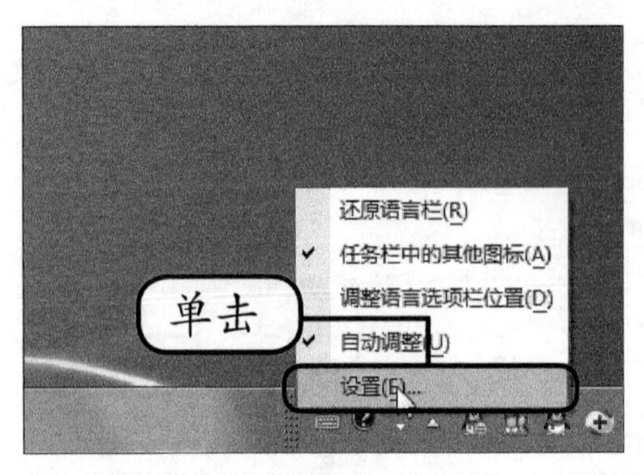

图2-5 选择“设置”命令

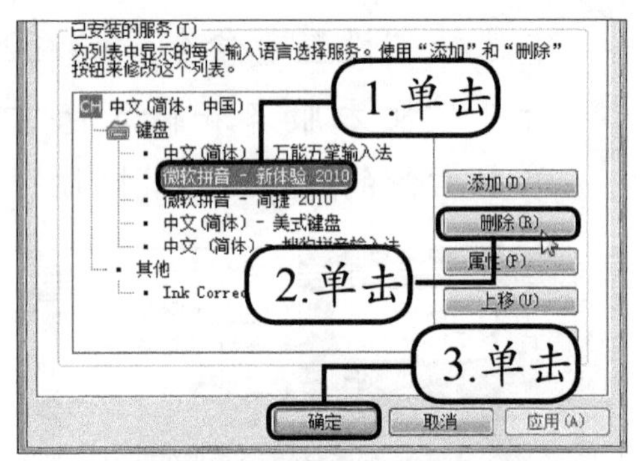

图2-6 选择要删除的输入法

2.1.3 认识打字软件

练习打字的软件有很多，目前最常用的便是“金山打字通”软件了，它比操作系统自带的记事本和写字板更加智能、有趣，并且设计了多个有趣的小游戏，让用户能轻松地提高打字速度。在网上（http://www.51dzt.com/）下载并安装应用程序即可使用，如图2-7便是“金山打字通 2013”的工作界面，在其中可以练习英文、拼音和五笔打字。

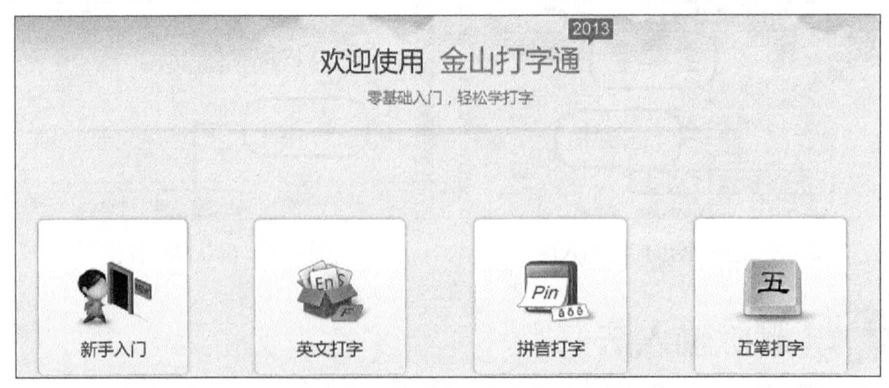

图2-7 “金山打字通 2013”工作界面

提高学习阶段

学习内容： 掌握汉语拼音与键盘字母的关系，熟悉输入法状态条，学会使用微软拼音输入法输入汉字，了解语音和手写输入法。

学习方法： 首先掌握汉语拼音与键盘字母的关系，并熟练操作输入法状态条，然后着重在金山打字通2013软件中进行拼音打字练习，最后尝试使用语音或手写输入方式在电脑中输入汉字。

2.2　使用拼音打字

拼音输入法使用起来非常简单，只需在中文状态下将汉字的汉语拼音输入电脑，然后再从同音字中选出需要的汉字即可。只要会拼音就可输入汉字。老年朋友可以选择系统自带的微软拼音输入法，学习起来也很容易。

2.2.1 汉语拼音与键盘字母的关系

为了帮助老年朋友学习拼音输入法，下面首先介绍一些汉语拼音知识，再讲解如何通过拼音输入汉字。

汉语拼音字母： 汉语拼音字母中有A～Z共26个字母，分别对应键盘中的26个字母键。这26个字母构成了23个声母和24个韵母，如图2-8所示。汉字拼音便由声母和韵母拼写而来，声母在前，韵母在后。

拼音字母
a b c d e f g h i j k l m n o p q r s t u v w x y z

拼音声母
b p m f d t n l g k h j q x zh ch sh r z c s y w

拼音韵母
a o e i u ü ai ei ui ao ou iu ie üe er an en in un vn ang eng ing ong

他→声母“t”和韵母“a”拼写→汉字拼音“ta”

图2-8　汉字拼音的构成

汉语拼音韵母： 汉语拼音韵母中的字母ü比较特殊。当它前面没

有声母时，或与声母j、q、x拼写时，ü省略上面两点写成u，此时对应键盘上的字母键“U”；若不能省略这两点，仍然写成ü时，则对应键盘上的字母键“V”。

2.2.2 输入法状态条的作用

输入法状态条表现了当前使用的输入法类型和该输入法的状态。下面以“微软拼音-简捷2010”输入法状态条为例，讲解对状态条的常用操作。

- **中/英文切换：**单击中按钮可在中、英文输入状态之间切换。当显示中按钮时，表示中文输入状态；显示英按钮，则表示英文输入状态，如图2-9所示。

输入中文 输入英文

图2-9 中/英文切换

- **中/英文标点切换：**单击按钮可在中、英文标点符号间切换。显示按钮，表示英文标点符号输入状态；反之，表示中文标点符号输入状态，如图2-10所示。

中文标点符号 英文标点符号

图2-10 中/英文标点符号切换

- **全/半角切换：**单击按钮可在全、半角符号之间进行切换。当显示按钮时，表示当前为半角状态；显示按钮，则表示当前为全角状态，如图2-11所示。

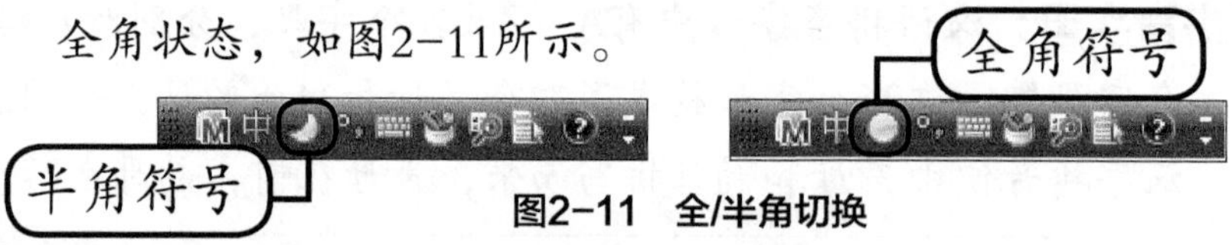

半角符号 全角符号

图2-11 全/半角切换

- **输入法切换：**单击状态条中的按钮，可在弹出的输入法列表中选择要切换的输入法，如图2-12所示。

图2-12 输入法列表

打开和关闭软键盘： 单击⌨按钮，可在弹出的列表中选择要打开的软键盘类别，包括数学符号、特殊符号和数字符号等，然后在打开的软键盘中单击所需符号按钮即可输入相应的字符。

小提示 设置微软拼音输入法

单击状态条中的▤按钮，在弹出的下拉菜单中选择“输入选项”命令，可在打开的对话框中对拼音的输入方式、词语联想和字符集等功能进行设置。

2.2.3 使用微软拼音输入法

要想在电脑中输入文字，首先就要打开可输入文字的场所，即我们常说的打字场所。在Windows 7操作系统中，自带的打字场所有“写字板”和“记事本”两种。下面将使用微软拼音输入法在“写字板”程序中输入汉字“我的旅行日记”，其具体操作如下。

❶ 单击“开始”按钮，在打开的“开始”菜单中选择【所有程序】/【附件】/【写字板】命令，如图2-13所示。

❷ 启动“写字板”程序后，单击语言栏的⌨按钮，在弹出的输入法列表中选择“微软拼音-简捷2010”选项，如图2-14所示。

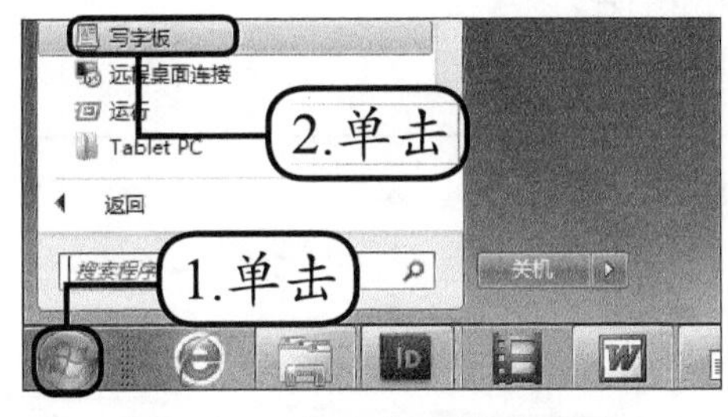

图2-13 启动“写字板”程序

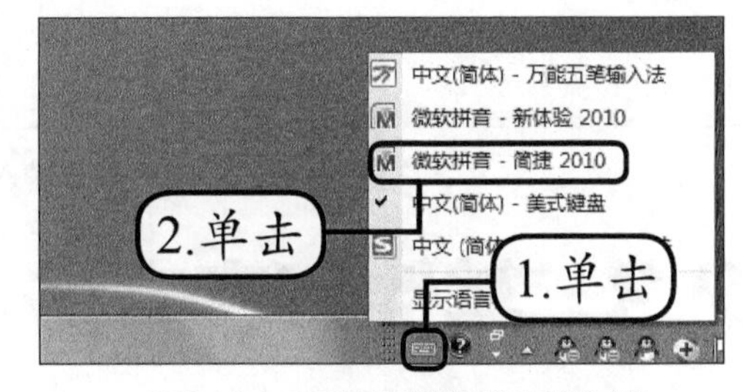

图2-14 切换至微软拼音输入法

❸ 依次按下键盘上的“W”和“O”键，输入全拼编码“wo”，此时将打开文字候选框，并显示出读音为“wo”的汉字。单击文字候选框中的“我”字或直接按键盘中的空格键便可在输入光标处显示选择的汉字，如图2-15所示。

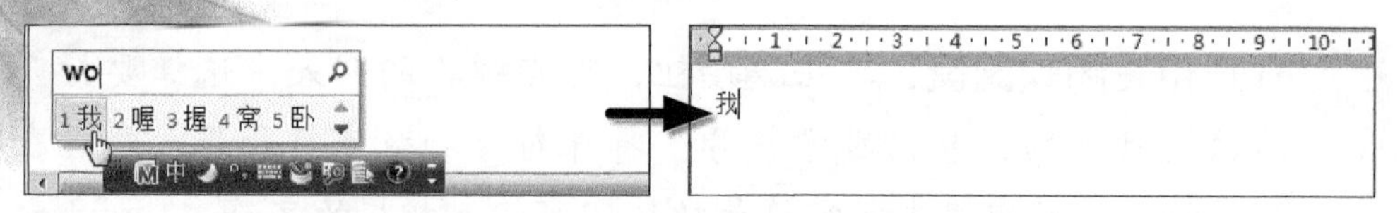

图2-15 全拼输入第一个汉字“我”

4. 输入汉字“的”的声母“d”，即对应键盘中的“D”键，打开如图2-16所示的文字候选框，直接按空格键即可在“写字板”程序中输入汉字“的”。

5. 输入词组“旅行”，分别输入“旅”字的完整拼音编码“lv”和“行”字的声母“x”，即对应键盘中的“L”键、“V”键和“X”键，打开如图2-17所示的文字候选框，直接按空格键即可在“写字板”程序中输入词组“旅行”。

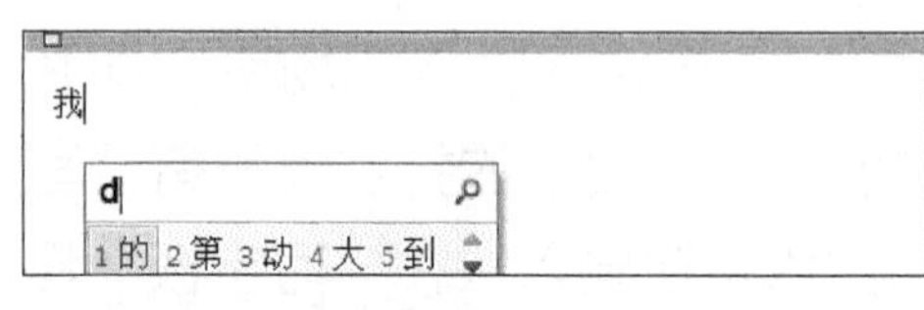

图2-16 简拼输入第2个汉字“的”

图2-17 混拼输入词组“旅行”

6. 输入词组“日记”的声母“r”和“j”，即对应键盘中的“R”和“J”，在打开的文字候选框中单击词组“日记”或按数字键“5”，即可输入词组“日记”，如图2-18所示。

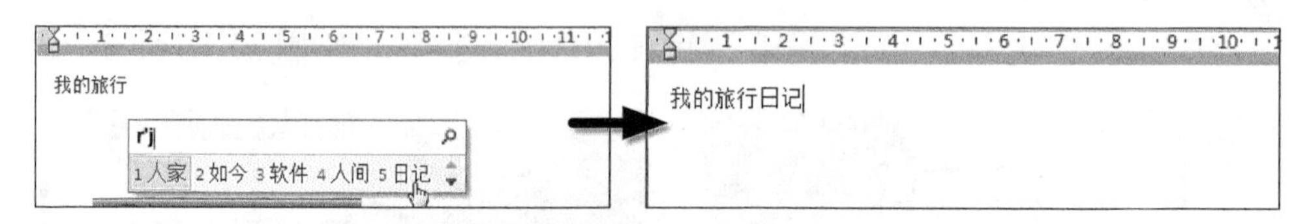

图2-18 简拼输入词组“日记”

2.3 其他打字方法

除了前面介绍的通过敲击键盘的方法来输入汉字外，还可以通过语音和手写两种方式来输入汉字。下面就分别介绍其使用方法。

2.3.1 语音输入汉字

对汉语拼音不太熟练的老年朋友，可以选择语音输入方式来输入

想要的汉字。在语音输入方式时需要用到麦克风，所以电脑必须配备有麦克风。下面就介绍如何使用“Windows语音识别”功能在写字板中输入汉字“你好”，其具体操作如下。

1. 将麦克风成功接入电脑后，选择【开始】/【所有程序】/【附件】/【轻松访问】/【Windows 语音识别】命令，如图2-19所示。

2. 打开“设置语音识别”对话框，依次单击 下一步(N) 按钮，如图2-20所示，进入设置麦克风的操作。

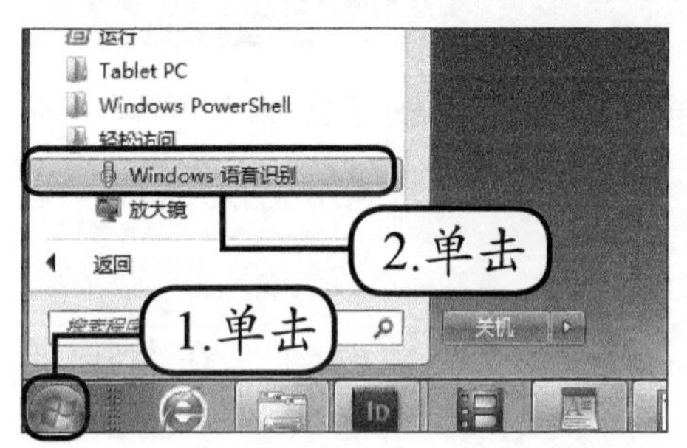

图2-19 启动“Windows语音识别”功能

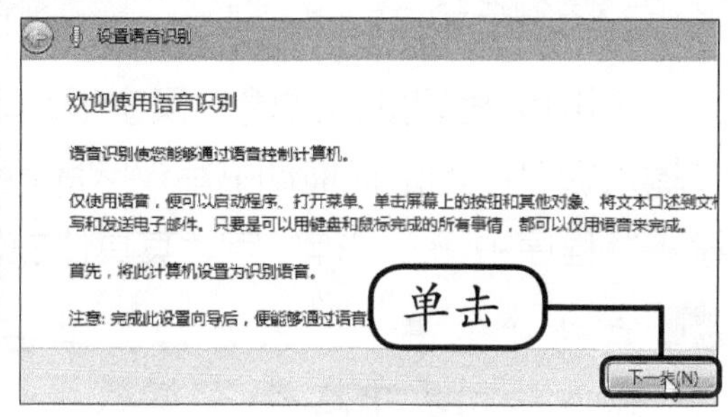

图2-20 单击“下一步”按钮

3. 打开“麦克风音量调整”对话框，用自然的声音念出对话框中的一段话，如图2-21所示，然后再依次单击 下一步(N) 按钮，设置其他内容。

4. 设置完成后，单击 开始教程(S) 按钮将进入语音识别教程学习；单击 跳过教程(P) 按钮直接进入语音识别。这里单击 跳过教程(P) 按钮，如图2-22所示。

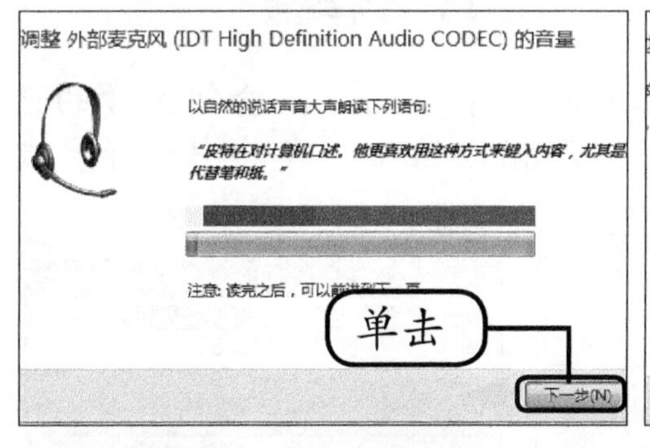

图2-21 调整麦克风音量

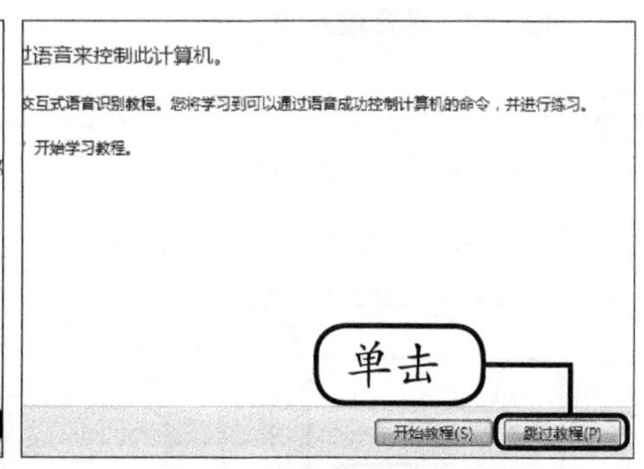

图2-22 开始语音输入

5. 完成设置后，桌面顶端出现语音识别界面，单击左側的按

钮，开启语音识别，此时按钮变为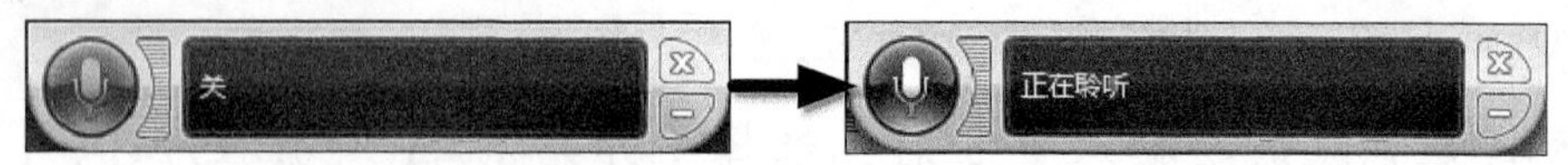，同时黑色屏幕显示“正在聆听”字样，如图2-23所示。

图2-23 开启语音识别功能

6 启动写字板程序，然后对着话筒用标准的普通话说出您想要输入的文字，系统就会将您所说的文字输入到写字板中。

2.3.2 手写输入汉字

利用手写识别方式输入汉字很简单，只需切换到手写输入法后，在“输入板”中用鼠标拖动书写汉字即可。下面将使用手写识别方式在“记事本”程序中输入“福”字，其具体操作如下。

1 启动“记事本”程序后，单击语言栏中的按钮，在打开的输入法列表中选择“微软拼音-简捷2010”选项，如图2-24所示。

2 在输入法状态条中单击按钮，打开输入板，然后单击左侧的“手写识别”按钮进入手写板，如图2-25所示。

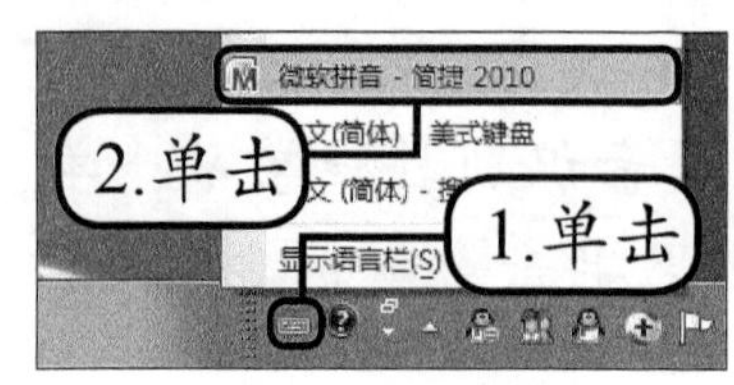

图2-24 选择输入法

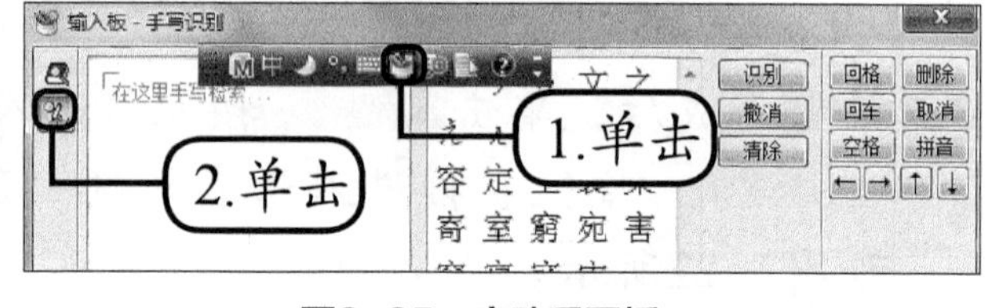

图2-25 启动手写板

3 在左侧的绘制区中拖动鼠标书写汉字“福”，绘制区旁的选词框中会出现与手写的汉字字形相近的字，在其中选择需要的汉字，如图2-26所示，即可将该字输入到记事本中。

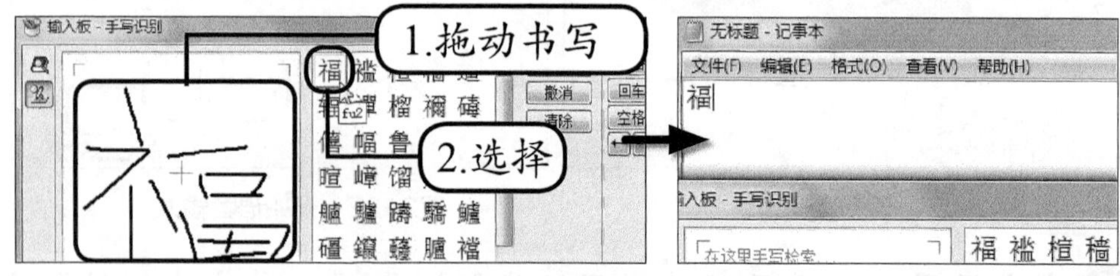

图2-26 利用手写板输入汉字“福”

练习阶段

练习内容： 在打字软件中练习拼音输入法，并使用手写功能输入汉字。

视频路径： 光盘:\第2天\练习阶段\练习一.swf、练习二.swf。

练习一 在打字软件中练习拼音输入法

下面将在金山打字通软件中练习拼音打字，可以依次从音节、词组和文章上循序渐进地进行练习，如图2-27所示，为进行“词组练习”的界面。

步骤提示

◎ 将金山打字通软件安装到电脑后，双击桌面上的图标，启动该软件。

◎ 在“金山打字通 2013”主界面中创建昵称后，单击“拼音打字”按钮。

◎ 进入“拼音打字”界面后，依次进行音节、词组和文章的练习。

图2-27 在打字软件中进行音节练习

练习二 使用手写功能输入《曲江》

下面练习在“记事本”程序中，利用手写功能输入古诗《曲江》，输入完成后的最终效果如图2-28所示。

步骤提示

◎ 启动记事本程序后，利用语言栏中的按钮，切换至“微软拼音-简捷

2010”输入法。

◎ 单击状态条中的按钮，开启手写识别功能，然后单击左侧的按钮打开手写板。

◎ 在绘图区中书写要输入的汉字，然后在选词框中选择需要的汉字，即可将其输入到打开的记事本中。

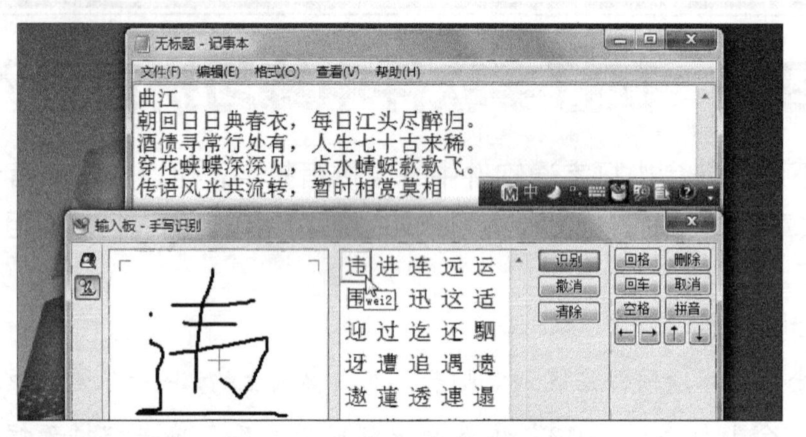

图2-28　利用手写功能输入古诗

切换输入法
翻页查找汉字

技巧一： 在切换输入法时，除了可以通过语言栏中的按钮进行选择外，还可以按键盘中的“Ctrl+Shift”组合键进行快速选择。每按一次该组合键，便可切换一种输入法。

技巧二： 如果要输入的汉字或词组未显示在文字候选框中，此时可单击候选框右下角的按钮或直接按键盘中的“+”键，在打开的文字候选框的下一页中继续进行查找，如图2-29所示。

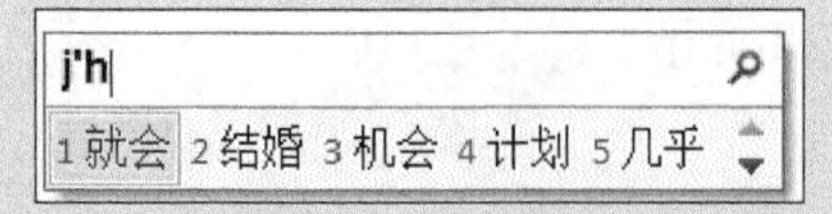

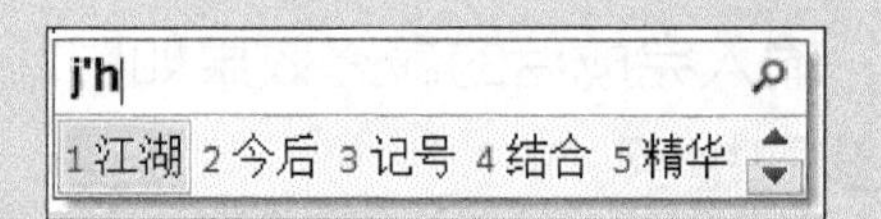

图2-29　翻页查找要输入的汉字

第3天

有效管理电脑资源

学习目标

电脑能够存储海量的信息资料，那么，这些信息是以何种形式存储的？又该如何管理呢？下面就带着这些疑问，学习管理文件和文件夹的方法，以及如何从数码设备复制文件等操作。以便能将自己电脑中的文件管理得井井有条。

学习内容

- 了解什么是磁盘、文件和文件夹
- 了解查看文件和文件夹的方法
- 掌握新建、移动、复制及删除文件或文件夹的操作
- 学会如何将数码照片复制到计算机中
- 学会如何将U盘中的文件复制到计算机中
- 掌握安装和卸载软件的操作方法

基础学习阶段

学习内容： 认识磁盘、文件和文件夹，了解文件和文件夹的查看和显示方式，管理文件和文件夹。

学习方法： 首先了解文件管理的相关知识，然后在电脑中通过练习，学会新建、选择、移动、复制及删除文件和文件夹的具体操作方法。

3.1 文件管理的基础知识

为了使电脑中的文件和文件夹井然有序、方便操作，必须了解磁盘、文件和文件夹的关系，以及查看文件和文件夹的具体操作。下面就从文件管理基础知识开始学习。

3.1.1 认识磁盘、文件和文件夹

要想学会管理电脑中的文件和文件夹，首先应该了解什么是磁盘、文件和文件夹，下面将详细讲解。

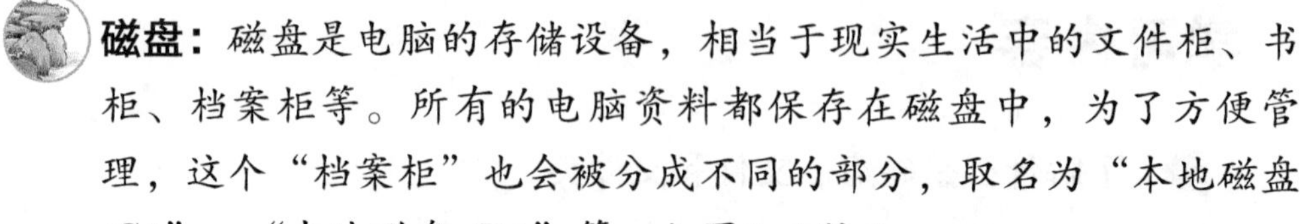

磁盘： 磁盘是电脑的存储设备，相当于现实生活中的文件柜、书柜、档案柜等。所有的电脑资料都保存在磁盘中，为了方便管理，这个“档案柜”也会被分成不同的部分，取名为“本地磁盘(C:)”、“本地磁盘 (D:)”等，如图3-1所示。

文件： 电脑中的文件类型很多，可以是图片、文本和音乐等。通过文件图标，我们可以看出文件的类型，如图片或音乐等，而文件名称则可以具体告诉我们文件的内容是什么，如图3-2所示。

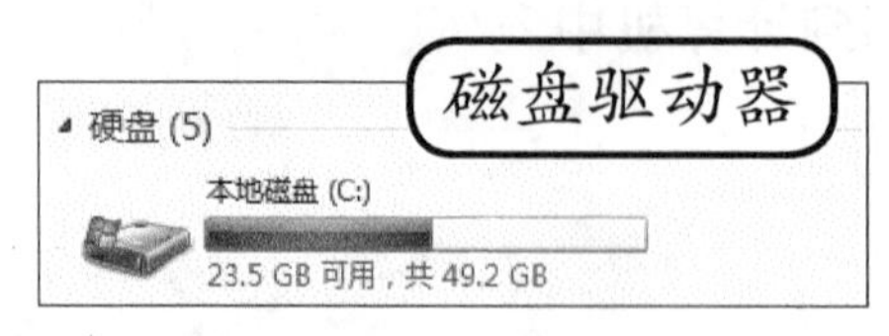

图3-1　磁盘

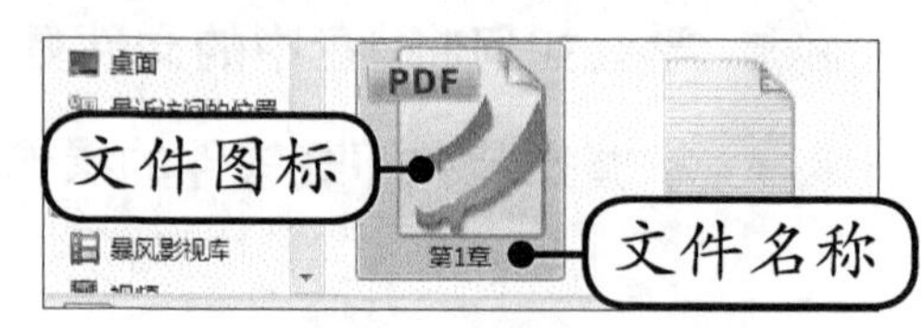

图3-2　文件

文件夹： 文件的数量越来越多，混杂在一起，不容易查找，怎么

办？将同一类型的文件放入同一个文件夹中，这样就容易集中分类管理了。如图片文件夹、声音文件夹等，文件夹同样由文件夹图标和文件夹名称组成，如图3-3所示。

图3-3　文件夹

小提示　通过图标判断文件类型

不同类型的文件可通过文件图标来判断，如Word文件的图标是、音乐文件的图标是、图片文件的图标是等，您可以根据文件图标判断并选择文件。

3.1.2 查看文件或文件夹

查看文件或文件夹的实质就是打开文件和文件夹，下面将查看电脑文件夹中的图片文件，其具体操作如下。

1. 在桌面上双击“计算机”图标，打开“计算机”窗口。在该窗口中双击“本地磁盘 (G:)”图标，如图3-4所示。
2. 在打开的窗口中即可查看G盘中的内容，这里可以看到有很多文件夹，双击其中的“婚纱照”文件夹，如图3-5所示。

图3-4　打开G盘

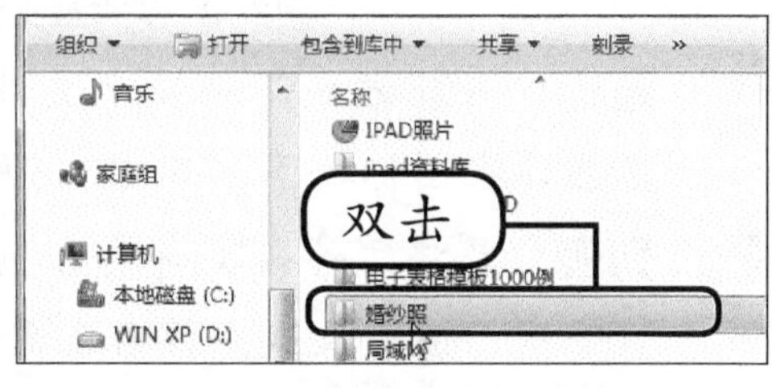

图3-5　双击“婚纱照”文件夹

3. 打开“婚纱照”文件夹，在其中可以查看到该文件夹中包含4个子文件夹，然后再双击“外景”文件夹，如图3-6所示。
4. 在打开的“外景”窗口中双击“IMG_9613.jpg”图片文件，即可浏览该图片的内容，效果如图3-7所示。

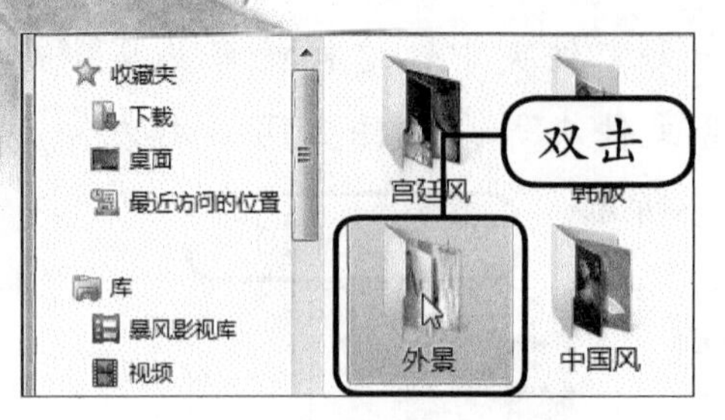

图3-6 双击“外景”文件夹

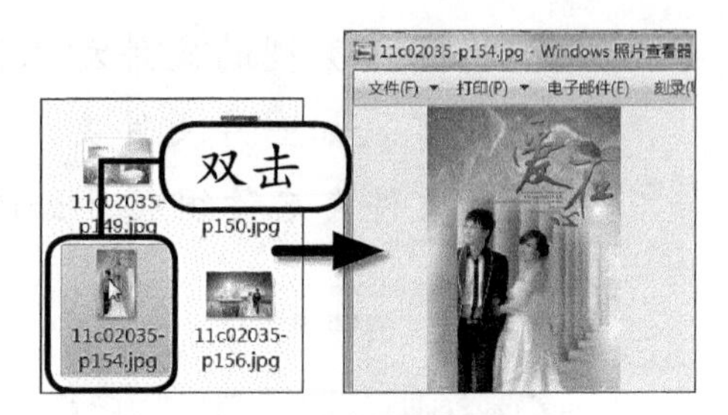

图3-7 查看图片文件

3.1.3 文件的不同显示方式

在Windows 7操作系统中，可以根据自己的喜好和实际需求更改文件或文件夹图标的大小，或者让文件或文件夹以列表、平铺、内容等方式显示。

更改文件显示方式的方法为：单击文件夹窗口工具栏中按钮右侧的下拉按钮，在弹出的下拉列表中选择相应的选项即可，如图3-8所示。常用显示方式的含义介绍如下。

图3-8 文件或文件夹的不同显示方式

**图标**：在此方式下将显示文件和文件夹的图标及名称，其中文件名显示在图标之下，如图3-9所示。

**列表**：是将文件或文件夹以列表形式显示，此显示方式使文件一目了然，便于快速查找自己需要的文件，如图3-10所示。

图3-9 以“大图标”方式显示文件

图3-10 以“列表”方式显示文件

详细信息：在此方式下将显示文件的大小、类型和修改日期等详细信息，如图3-11所示。

图3-11　以“详细信息”方式显示文件

3.2　管理文件和文件夹

管理文件和文件夹的操作包括新建、选择、移动、复制和删除等，操作起来也很容易。下面便详细介绍各种操作的实现方法。

3.2.1 新建文件夹

要对文件和文件夹进行分类管理，首先就需要新建文件夹来分类存储文件。下面在电脑的G盘中新建一个名为“九寨沟之旅”的文件夹，其具体操作如下。

1. 打开G盘后，单击工具栏上的新建文件夹按钮，如图3-12所示，或在G盘空白处单击鼠标右键，在弹出的快捷菜单中选择【新建】/【文件夹】命令。
2. 此时将创建一个名为“新建文件夹”的文件夹，其名称为编辑状态。选择合适的输入法后，输入文件夹的新名称，然后按“Enter”键完成文件夹的创建，如图3-13所示。

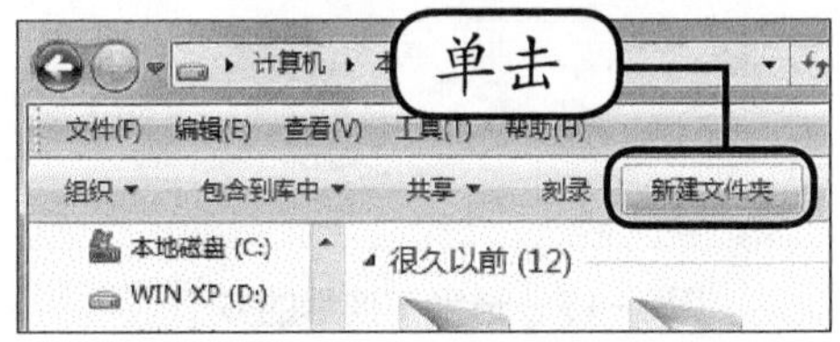

图3-12　单击“新建文件夹”按钮

图3-13　创建新文件夹

3.2.2 给文件或文件夹改名

为了便于快速查找文件和文件夹，可以为它们改一个容易记住的名字。给文件或文件夹改名的方法相同，下面将“EOS照片”文件夹改

名为“孙子周岁照”，其具体操作如下。

1. 在需要重命名的“EOS照片”文件夹上单击鼠标右键，在弹出的快捷菜单中选择“重命名”命令，如图3-14所示。
2. 此时文件夹名称呈可编辑状态，选择合适的输入法后输入文件夹的新名称，然后按“Enter”键确认操作，如图3-15所示。

图3-14 选择“重命名”命令　　图3-15 为文件夹更改名称

3.2.3 选择文件或文件夹

在对文件和文件夹进行各种管理之前，应先选择需要编辑的文件或文件夹。下面讲解选择文件和文件夹的各种方法。

- **选择单个：** 直接在要选择的文件或文件夹上单击鼠标，即可选择单个文件或文件夹，被选中对象将突出显示。
- **选择连续的多个：** 单击选择第一个文件或文件夹后，按住“Shift”键不放，单击最后一个文件或文件夹，即可选中它们之间所有的文件和文件夹，如图3-16所示。
- **选择不连续的多个：** 按住“Ctrl”键不放，依次单击需要选择的文件或文件夹即可选择不连续的多个对象，如图3-17所示。

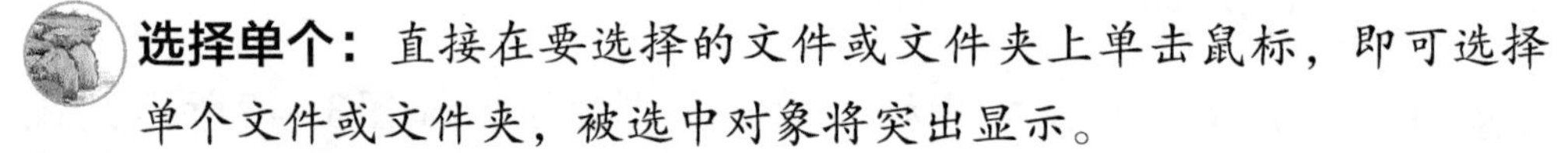

图3-16 选择连续的多个

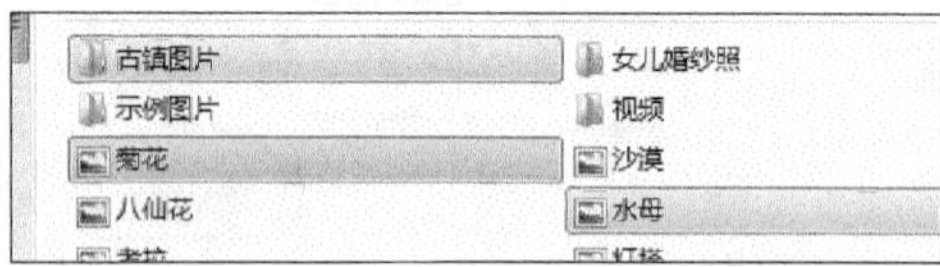
图3-17 选择不连续的多个

- **选择全部：** 在文件夹窗口中选择【编辑】/【全选】命令或按“Ctrl+A”组合键即可选择当前窗口中的所有对象。

3.2.4 移动文件或文件夹

移动文件或文件夹是指将原文件或文件夹从一个位置搬到另一个

位置，原位置的文件或文件夹将不存在，但其本身内容不发生改变。下面将“瑶池”图片移至“九寨沟之旅”文件夹中，其具体操作如下。

1. 选择需要移动的文件或文件夹（可以是多个），这里选择图片库中的“瑶池”文件，然后在文件夹窗口中选择【组织】/【剪切】命令，如图3-18所示，此时图片呈半透明状态。
2. 打开目标文件夹，这里打开“九寨沟之旅”文件夹，然后选择【组织】/【粘贴】命令，如图3-19所示，此时原文件就被移动到了当前位置，而原位置的文件就已经不存在了。

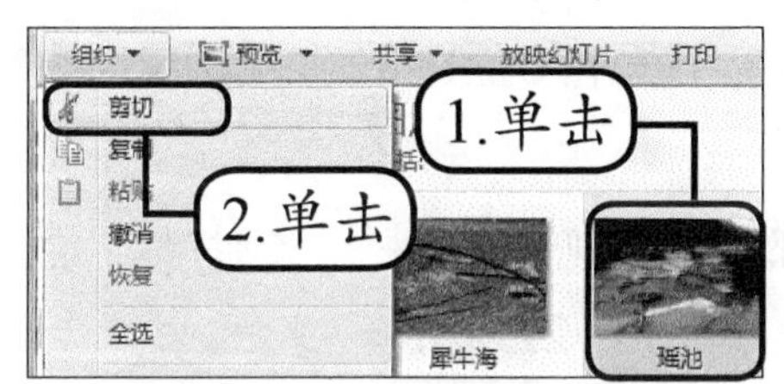

图3-18　执行剪切操作

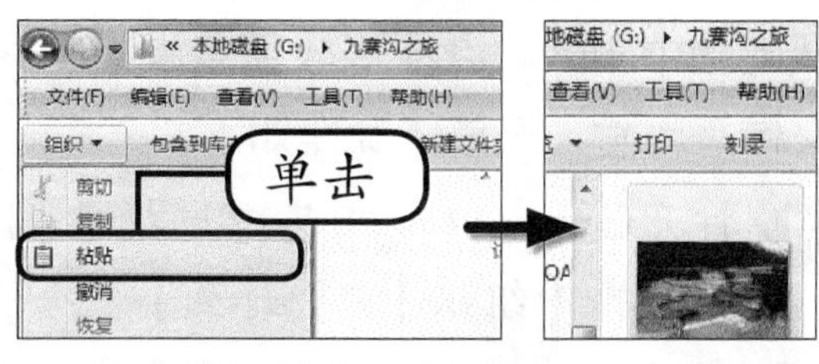

图3-19　执行粘贴操作

小提示　利用快捷键移动文件或文件夹

选择要移动的文件或文件夹后，按“Ctrl+X”组合键可执行剪切操作，然后打开存放文件或文件夹的窗口，按“Ctrl+V”组合键即可执行粘贴操作。

3.2.5 复制文件或文件夹

复制是指为原有的文件或文件夹在其他地方创建一个副本，即原位置和新位置都存在该文件或文件夹。下面将“犀牛海”图片复制到“九寨沟之旅”文件夹中，其具体操作如下。

1. 选择要复制的文件或文件夹（可以是多个），这里选择图片库中的“犀牛海”文件，然后在文件夹窗口中选择【组织】/【复制】命令，如图3-20所示，此时图片呈半透明状态。
2. 打开目标文件夹，这里打开“九寨沟之旅”文件夹，然后在文件夹窗口中选择【组织】/【粘贴】命令，如图3-21所示，此时文件复制到当前位置，而原位置的文件依然存在。

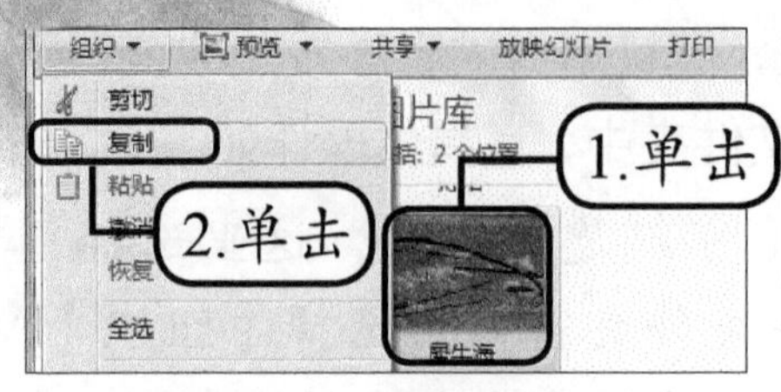

图3-20　执行复制操作

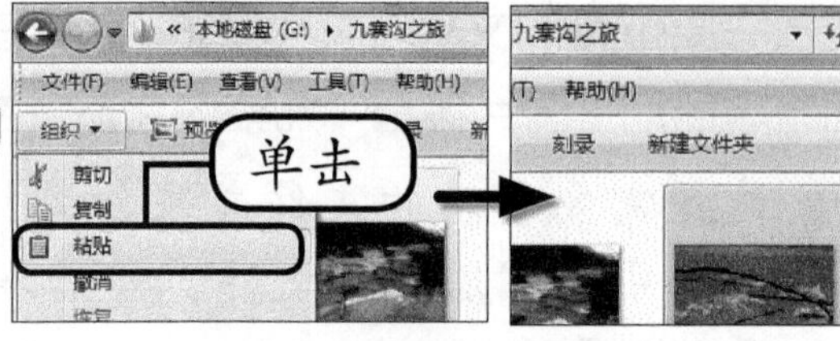

图3-21　执行粘贴操作

3.2.6 删除文件或文件夹

为了让电脑看起来简洁、舒适，可以将不再使用的文件或文件夹从电脑中删除，以便释放更多磁盘空间。下面将G盘中的“视频文件”文件夹删除，其具体操作如下。

1. 打开G盘窗口，在其中选择要删除的“视频文件”文件夹，然后选择【组织】/【删除】命令，如图3-22所示。
2. 此时将打开一个提示对话框，询问是否要将文件夹放入回收站，单击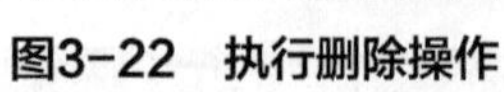按钮确认删除，如图3-23所示。

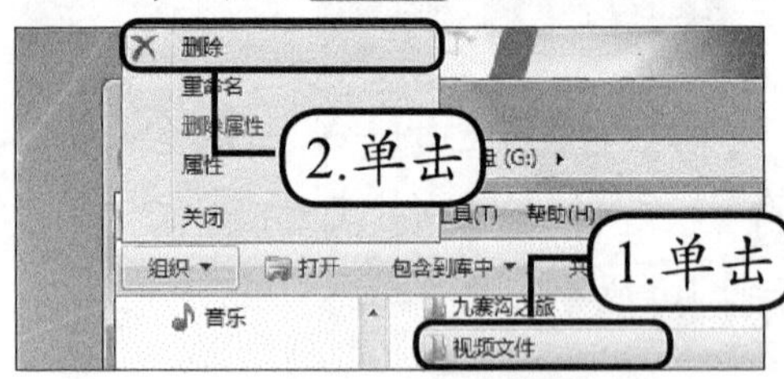

图3-22　执行删除操作

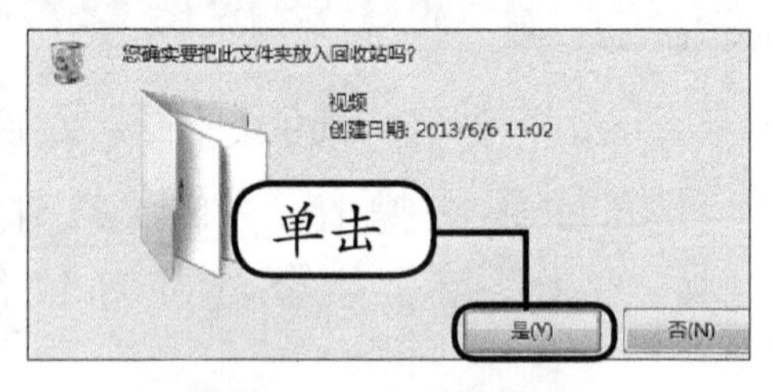

图3-23　确认删除操作

提高学习阶段

学习内容：掌握从数码设备复制文件到电脑中，以及在电脑中安装和卸载软件的具体操作方法。

学习方法：首先学习从U盘复制文件到电脑，然后再依次学习从光盘和数码相机复制文件，最后练习在电脑中安装或卸载软件，以便达到熟悉掌握的目的。

3.3　从数码设备复制文件

存储文件的设备除电脑硬盘外，还包括移动硬盘、U盘、光盘，以

及日常生活中最常用的手机、iPad和数码相机等。下面便详细介绍从数码设备复制文件或将电脑中的文件复制到数码设备的具体操作。

3.3.1 将U盘中的照片保存到电脑中

U盘和移动硬盘是常用的移动存储设备，这类设备的使用方法基本相同，需要在电脑开机状态下直接与电脑连接使用。下面将U盘中的照片保存到电脑中，其具体操作如下。

1. 成功启动电脑后，将U盘带有接口的一端插入机箱上的USB接口（指位于机箱前面板上的矩形接口）中，如图3-24所示。
2. 此时系统将自动安装U盘驱动，安装完成后提示用户“设备准备就绪”，这时就可以使用U盘了，如图3-25所示。

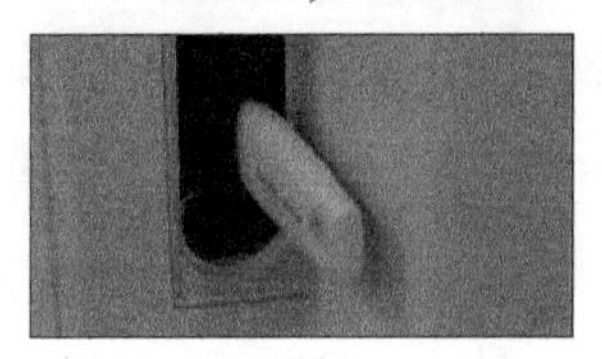

图3-24　将U盘与电脑相连

图3-25　在电脑中自动安装U盘

3. 打开“计算机”窗口，在“有可移动存储的设备”栏中新增了一个“可移动磁盘 (I:)”文件，并在任务栏显示图标，双击“可移动磁盘 (I:)”图标，如图3-26所示。
4. 在打开的窗口中便可浏览U盘中的内容，选择【组织】/【全选】命令，选择U盘中显示的所有图片文件。
5. 按照前面介绍的管理文件的方法，将U盘中所选图片复制到G盘的“灯会”文件夹中，如图3-27所示。

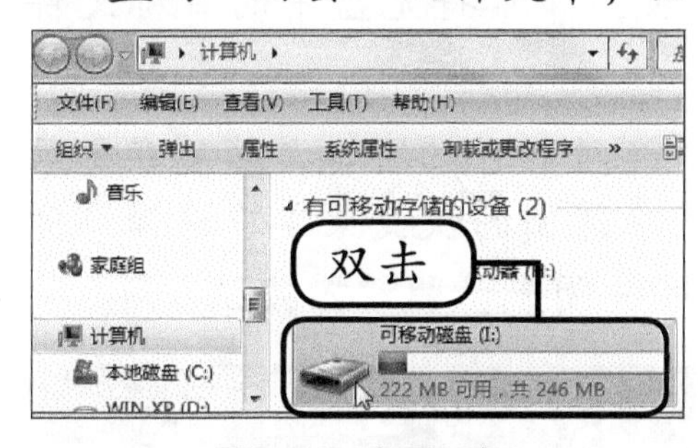

图3-26　打开U盘

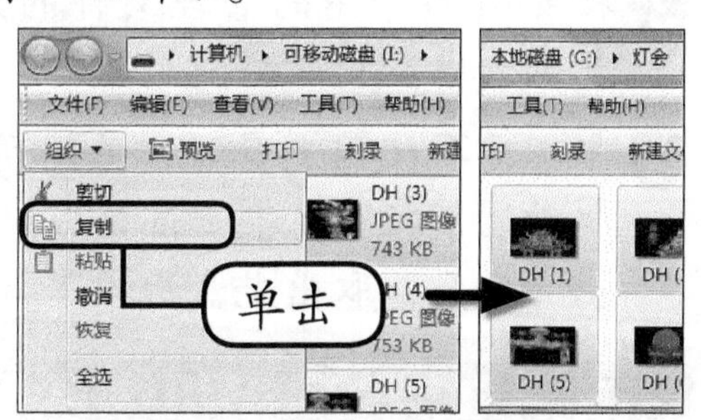

图3-27　复制U盘文件到电脑中

6 当不需要使用U盘时，关闭通过U盘打开的窗口，然后在任务栏中的图标上单击鼠标右键，在弹出的快捷菜单中选择“弹出Flash Disk”命令，稍后提示“安全地移除硬件”，最后将U盘从机箱中的USB接口中拔出即可。

3.3.2 将光盘中的文件保存到电脑中

光盘与家用VCD/DVD碟片在外观上十分相似，它携带方便、存储容量大，而且不容易损耗。将光盘中的文件保存到电脑中的方法很简单，其具体操作如下。

1 在电脑开机状态下，按下主机箱上的打开/关闭光盘驱动器按钮，弹出光盘托架后，将光盘有文字的一面朝上放入光驱，如图3-28所示，最后按下打开/关闭光盘驱动器按钮缩回托架。

2 此时打开“我的电脑”窗口，在“有可移动存储设备”栏中可以看到出现一个“DVD RW驱动器 (H:)”，双击光盘驱动器图标，就可以读取光盘中的数据了，如图3-29所示。

图3-28 将光盘放入光驱

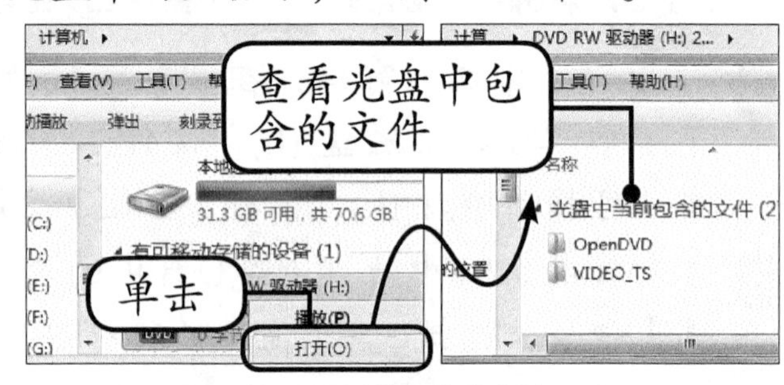

图3-29 查看光盘中的文件

3 按照前面介绍的管理文件的方法，即可将光盘中的目标文件复制到电脑中的任意位置。

4 当不需要使用光盘时，关闭通过光盘打开的窗口，然后在光盘驱动器图标上单击鼠标右键，在弹出的快捷菜单中选择“弹出”命令，取出光盘后按下打开/关闭光盘驱动器按钮即可。

3.3.3 将数码相机中的照片导入到电脑中

如今数码相机已成为休闲娱乐的常用工具，通过它不仅可以回味

生活的点滴，而且还能与亲朋好友共同分享。在分享数码相机中的照片或视频之前，需要将其导入到电脑中，其具体操作如下。

1. 准备好相机配套的数据线，将输出端插入相机的数据接口，另一端插入电脑的USB接口，如图3-30所示，然后打开相机。

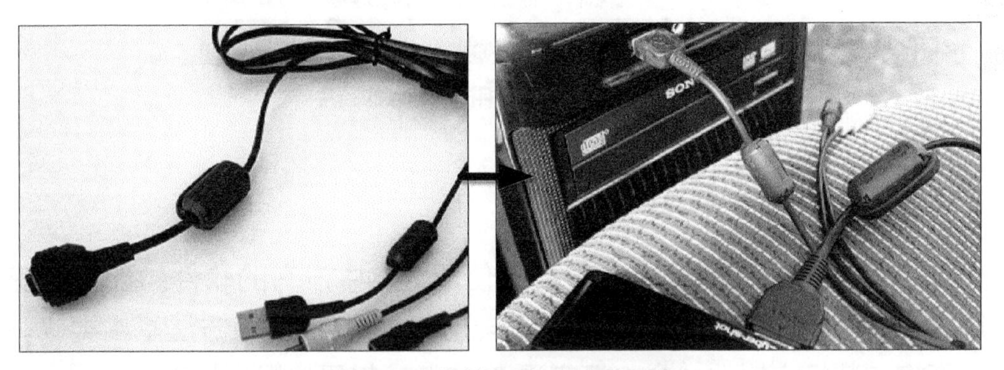

图3-30　将数码相机与电脑相连

2. 此时系统将弹出“Canon EOS 600D”窗口（不同数码相机显示的窗口内容有所不同），其中提供了导入和浏览设备文件2种方式，这里双击“导入图片和视频”选项，如图3-31所示。

3. 计算机自动搜索可导入的文件，并弹出“导入图片和视频”窗口，在“标记这些图片”下拉列表框中输入图片名称，然后单击 导入(M) 按钮，如图3-32所示。

图3-31　准备导入文件

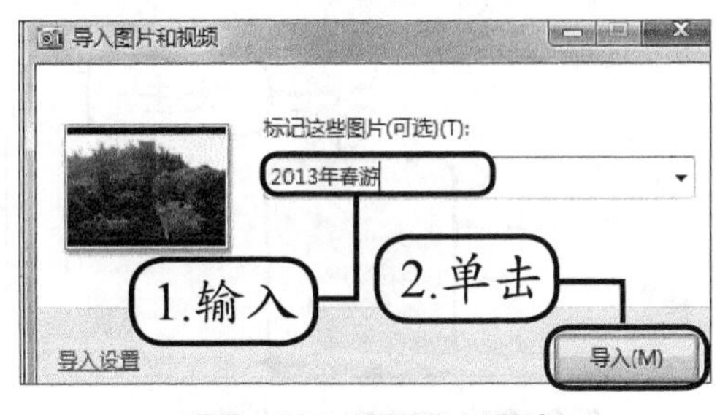

图3-32　设置导入图片

4. 此时系统开始导入设备中的图片和视频，稍作等待后自动弹出如图3-33的窗口，显示从数码相机中导入的所有文件。

5. 当不需要使用数码相机时，首先关闭通过数码相机打开的窗口，然后再关闭数码相机，并将连接到电脑USB接口的数据线拔除即可。

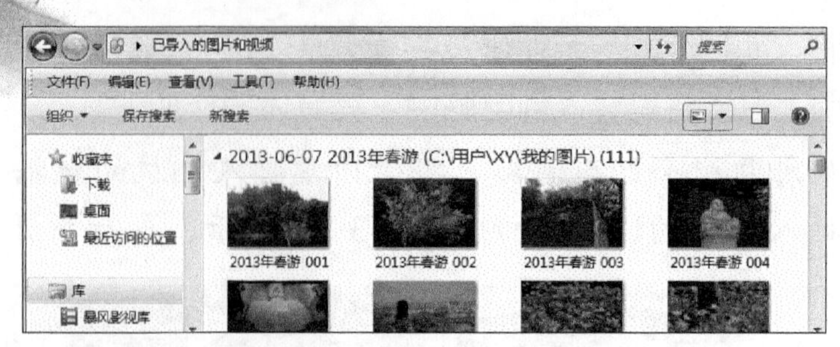

图3-33 从数码相机中导入的图片

3.4 软件的安装

系统自带软件是有限的，要想使用电脑中没有的软件，那么在使用之前，需要对该软件进行安装操作，各种软件的安装方法基本类似。下面将安装打字软件“金山打字通 2013”，其具体操作如下。

1. 获取软件安装程序后，双击软件的安装执行文件（若有多个文件，一般双击“setup.exe”文件），如图3-34所示。
2. 在弹出的“用户账户控制”对话框中单击“是(Y)”按钮，稍后将打开“金山打字通 2013 SP2 安装”对话框，单击“下一步(N) >”按钮，如图3-35所示。

图3-34 双击安装执行文件

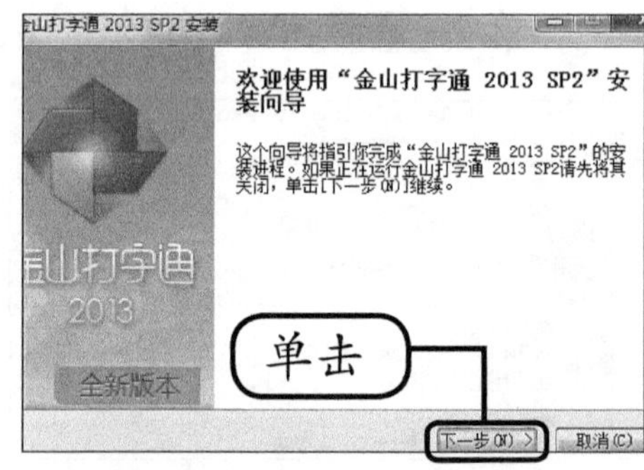

图3-35 单击“下一步”按钮

3. 打开“许可证协议”对话框，阅读协议内容后，单击“我接受(I)”按钮，如图3-36所示。
4. 在打开的向导对话框中，设置在“开始菜单”中保存此软件的文件夹名称，这里保持默认设置，直接单击“安装(I)”按钮，如图3-37所示。

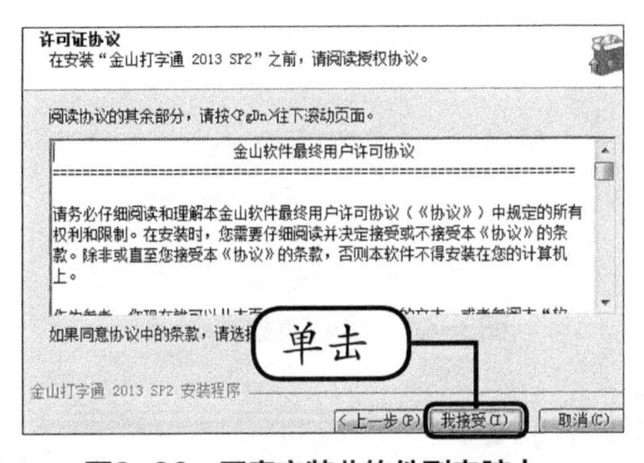

图3-36 同意安装此软件到电脑中

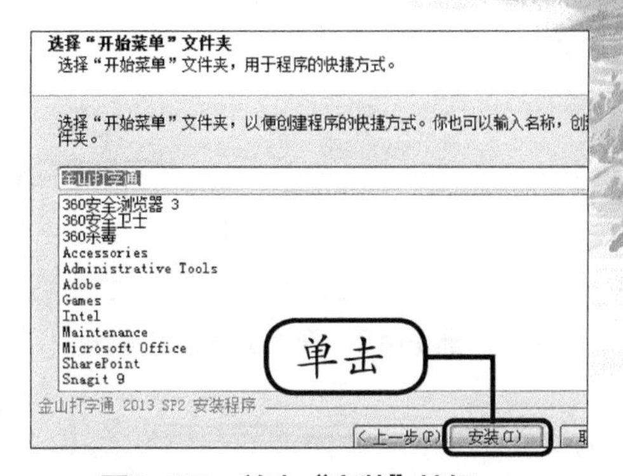

图3-37 单击"安装"按钮

❺ 此时系统开始安装打字软件，并在向导对话框中显示安装进度。当金山打字通软件成功安装到电脑后，在打开的向导对话框中单击 完成(F) 按钮，稍后，便可进入该软件的主界面。

3.5 软件的卸载

对于不需要的软件，可以将其删除。删除软件也就是卸载软件，通常在控制面板进行。下面将删除"QQ游戏"软件，其具体操作如下。

❶ 选择【开始】/【控制面板】命令，打开"控制面板"窗口，单击"程序"栏下的"卸载程序"超级链接，如图3-38所示。

❷ 在"卸载或更改程序"列表框中找到要删除的文件图标，单击该文件图标，然后单击 卸载/更改 按钮，如图3-39所示，或直接双击该文件图标，开始删除操作。

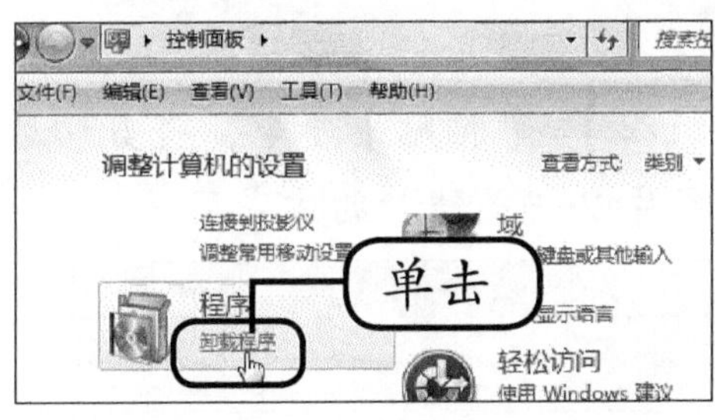

图3-38 单击"卸载程序"超级链接

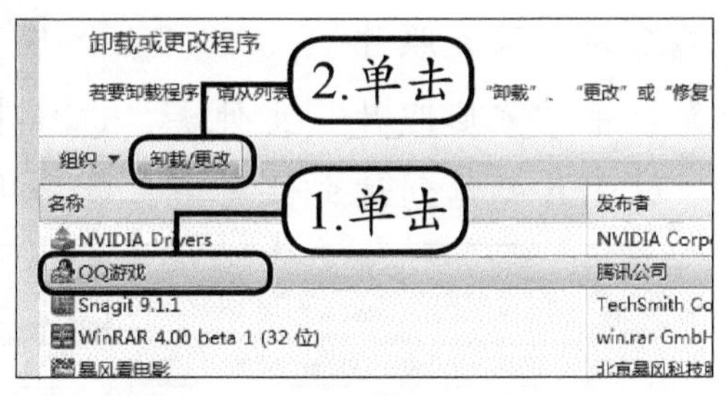

图3-39 选择要删除的程序

❸ 此时系统打开确定删除QQ游戏的提示对话框，单击 是(Y) 按钮，如图3-40所示。

❹ 系统开始卸载QQ游戏，稍作等待后，在打开的提示对话框中

单击 确定 按钮完成软件卸载操作，如图3-41所示。

图3-40 确认执行卸载操作

图3-41 成功卸载QQ游戏

练习阶段

练习内容：建立“家庭照片”文件夹，安装“暴风影音”软件，复制文件到U盘。

视频路径：光盘:\第3天\练习阶段\练习一.swf、练习二.swf、练习三.swf。

练习一 建立“家庭照片”文件夹

下面练习文件管理的相关操作，包括新建文件夹、移动文件和删除文件等。如图3-42所示为新建“家庭照片”文件夹的效果。

步骤提示

◎ 打开要移动图片所在的文件夹，然后利用“Ctrl”或“Shift”键，选择要移动的多张图片，最后选择【组织】/【剪切】命令。

◎ 打开E盘，然后单击工具栏中的 新建文件夹 按钮，并将新建的文件夹命名为“家庭照片”。

◎ 双击“家庭照片”文件夹，选择【组织】/【粘贴】命令，将剪切后的图片粘贴到该文件夹中，最后将图片以“平铺”的方式显示。

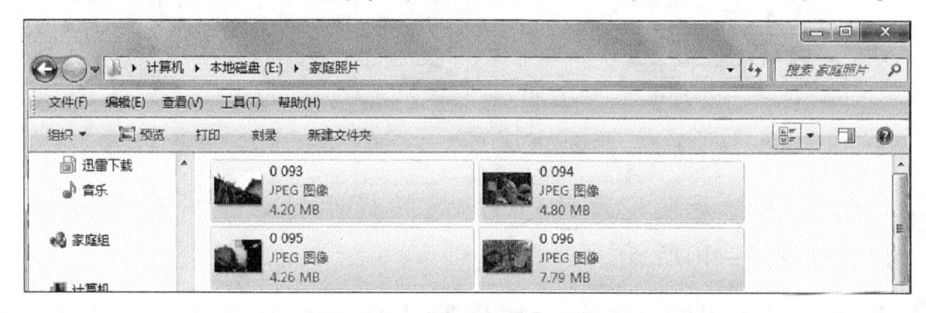

图3-42 “家庭照片”文件夹

练习二　安装暴风影音软件

下面练习将“暴风影音”软件安装到计算机中，效果如图3-43所示。一般情况下，软件的安装都会经过阅读并同意安装协议、选择安装路径和设置软件的启动方式等过程。

步骤提示

◎ 获取“暴风影音”软件安装程序后，双击软件的安装执行文件，在打开的向导对话框中单击接受(I) >按钮。

◎ 在向导对话框中取消选中所有复选框，然后单击下一步(N) >按钮。如果想更改此程序的安装路径，则可单击对话框中的浏览(B)...按钮，在打开的“浏览文件夹”对话框中重新选择。

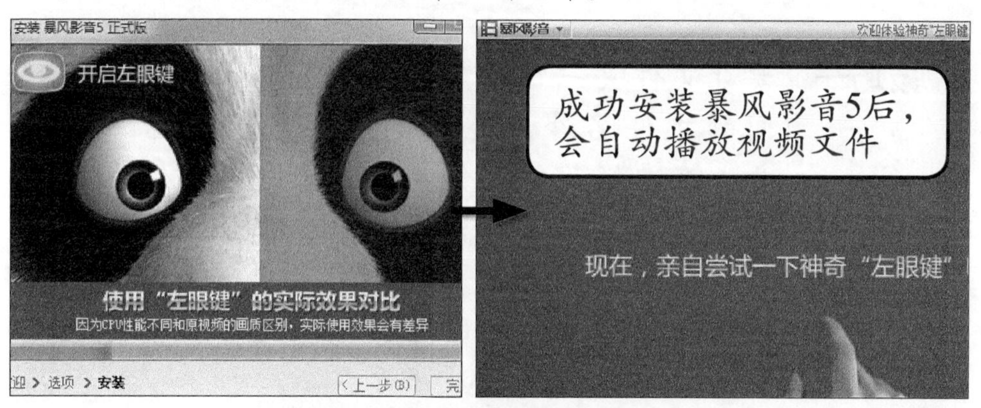

图3-43　完成安装后自动播放视频文件

练习三　复制文件到U盘中

下面练习将电脑中的视频文件复制到U盘中，成功复制后的效果如图3-44所示。此练习涉及的操作包括：计算机与U盘相连、复制文件和安全拔除U盘等。

步骤提示

◎ 将U盘与电脑正确连接后，打开“计算机”窗口，并双击“可移动磁盘”对应的图标。

◎ 利用“计算机”窗口打开保存视频文件的文件夹，选择要复制的视频文件后，按“Ctrl+C”组合键，执行复制操作。

◎ 切换到“可移动磁盘 (I:)”窗口，直接按“Ctrl+V”组合键，将电脑中的视频文件复制到U盘中。

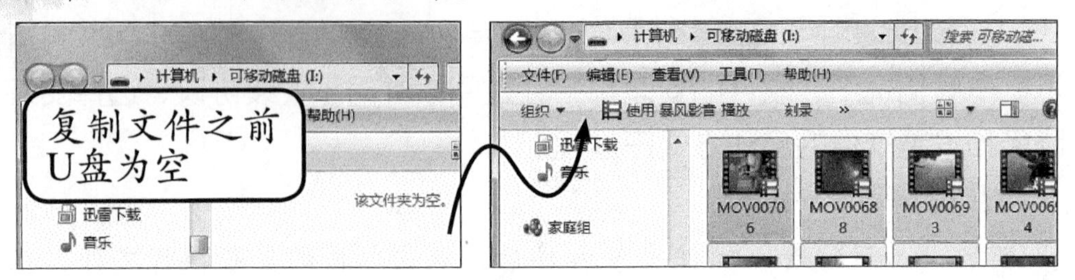

图3-44 复制视频文件到U盘

更上一层楼

更改文件夹图标
找回误删除的文件或文件夹

技巧一：要让文件夹一目了然，便于区分，除了设置不同的文件名外，还可更改其显示图标。方法为：在要修改的文件夹上单击鼠标右键，在弹出的快捷菜单中选择“属性”命令，然后在打开对话框的“自定义”选项卡中单击 更改图标(I)... 按钮，最后在打开的对话框中选择一个喜欢的新图标即可，如图3-45所示。

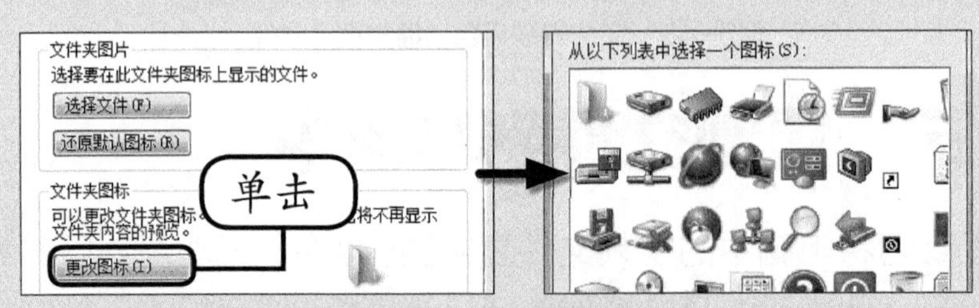

图3-45 更改文件夹图标

技巧二：如果不小心将文件或文件夹删除了，不用着急，此时可双击桌面上的图标，在打开的“回收站”窗口中选择刚刚删除的文件或文件夹，然后单击 还原此项目 按钮，即可将误删除的文件或文件夹重新找回。

第4天

休闲娱乐用电脑

学习目标

老年朋友在闲暇时光，可以通过电脑看怀旧电影、听各种戏曲、玩小游戏或制作电子相册等，足不出户就能够享受生活，放松心情。下面将详细介绍使用电脑“小帮手”、播放音乐和视频文件、处理数码照片及刻录光盘等操作。

学习内容

- 学会使用电脑“小帮手”
- 掌握使用系统自带播放器的方法
- 学会如何使用“千千静听”软件播放戏曲
- 学会如何使用“暴风影音”软件观看网络电视
- 熟悉修饰数码照片的相关操作
- 熟悉制作电子相册的过程
- 了解刻录光盘的具体操作方法

基础学习阶段

学习内容： 熟悉使用电脑“小帮手”的方法、掌握使用系统自带播放器播放音/视频文件的操作、掌握利用“暴风影音”观看在线视频的操作。

学习方法： 首先练习使用“小帮手”工具——计算器、便笺、画图和小游戏，然后理解记忆Windows系统自带播放器的操作过程，最后着重练习千千静听和暴风影音软件的操作方法。

4.1 使用电脑“小帮手”

Windows 7操作系统提供了多个适用小帮手，老年朋友可以利用这些小帮手算算账、记录重要信息、画图和玩游戏等。

4.1.1 使用计算器计算家庭收支

Windows 7提供的计算器功能，可以帮助老年朋友方便地计算家庭收支，使用方法与生活中的计算器操作基本相同，其具体操作如下。

1. 选择【开始】/【所有程序】/【附件】/【计算器】命令，启动计算器程序，如图4-1所示。
2. 依次单击计算器中的2、5、.和9按钮，输入参与计算的第1个数字“25.9”，如图4-2所示。
3. 单击*按钮，输入如图4-3所示的运算符，该运算符表示乘号。

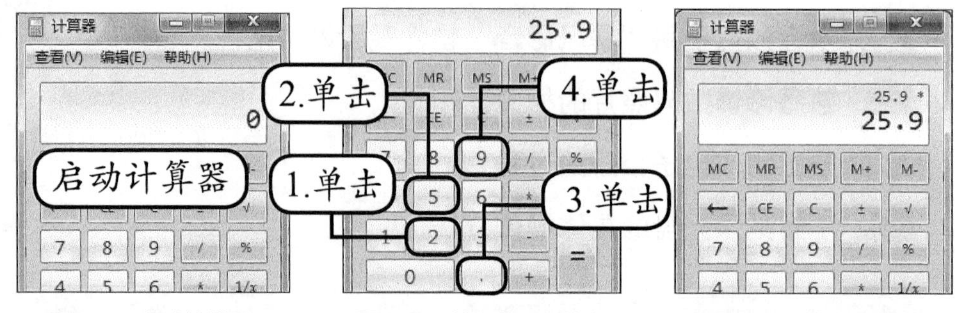

图4-1 启动计算器　　图4-2 输入第1个数字　　图4-3 输入运算符

4 依次单击计算器中的 0 、 . 和 6 按钮，输入参与计算的第2个数字“0.6”，如图4-4所示。

5 此时公式输入完毕，单击 = 按钮即可得到如图4-5所示的结果。

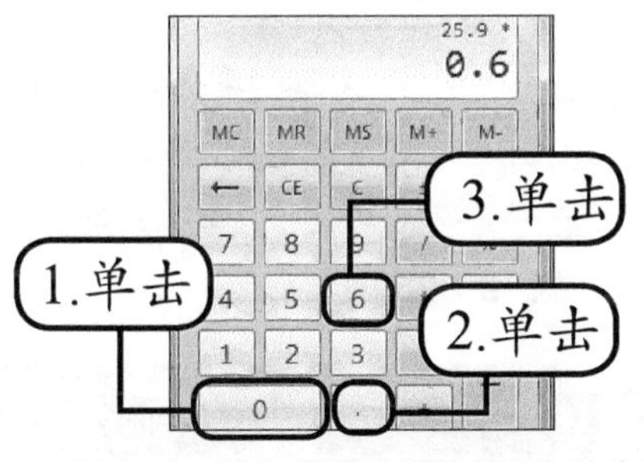

图4-4　输入参数计算的第2个数字

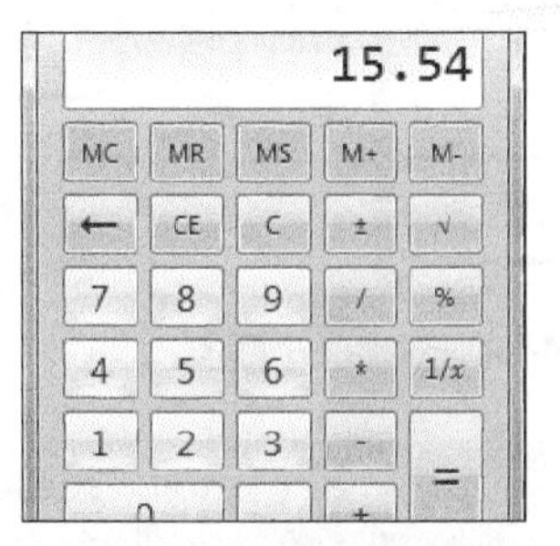

图4-5　查看计算结果

小提示　计算器中常用符号按钮的作用

在计算器中，单击 / 按钮可输入除号；单击 ← 按钮可删除已输入数字的最后一位数据；单击 C 按钮可清除当前输入的数字，并使计算器归零。

4.1.2 用便笺随时记录信息

在电脑中通过便笺可以进行备忘记录，这对老年朋友非常适用。此外，还可以根据便笺颜色来确定备忘事件的处理顺序。下面将在便笺中输入备忘内容，其具体操作如下。

1 选择【开始】/【所有程序】/【附件】/【便笺】命令，启动便笺，如图4-6所示。

2 选择适合自己的输入法后，在便笺中不断闪烁的输入光标处输入备忘内容，如图4-7所示。

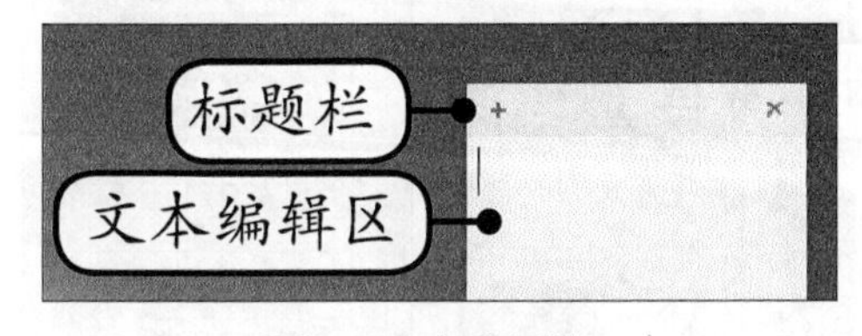

图4-6　启动便笺

图4-7　输入备忘内容

3 单击标题栏左上角的 + 按钮，新建一个便笺，如图4-8所示。

4 在新建便笺中输入备忘内容，完成输入操作后，在此便笺上单击鼠标右键，然后在弹出的快捷菜单中选择“粉红”命令，更改便笺颜色，最终效果如图4-9所示。

图4-8 新建一个便笺　　图4-9 更改便笺颜色

4.1.3 玩玩小游戏

Windows 7操作系统提供了跳棋、纸牌和扫雷等多种智益游戏，首次进入游戏主界面后，系统会自动弹出该游戏说明，用户可以根据规则玩游戏。下面将试玩“扫雷”游戏，其具体操作如下。

1 选择【开始】/【所有程序】/【游戏】/【扫雷】命令，启动扫雷游戏。在弹出的提示对话框中选择“初级”选项后，进入如图4-10所示的主界面。如果在主界面中未显示游戏说明，则可按“F1”键，在打开的窗口中查看该游戏的玩法。

2 单击窗口中的任意一个方格，这里单击左下角第一个方格打开方块，若无雷，将显示数字，如图4-11所示。

3 先看左下角显示为“1”的方格周围，可判断出该方格上方的第一个方格有雷，单击鼠标右键标记该方格，如图4-12所示。

4 根据相邻的数字“1”可判断有雷的方格上方的方格中没有雷，单击鼠标左键将其显示出来，如图4-13所示。

图4-10 启动游戏　图4-11 开始游戏　图4-12 标记雷区　4-13 单击无雷方格

5 继续扫雷游戏，结合标记有雷的方格和数字可以判断临近位置的方格无雷。将所有的雷都标记出来，便取得成功。

4.1.4 画图

如果老年朋友在休闲时喜欢信手涂鸦，那么您可以在Windows 7自带的画图程序中尽情享受涂鸦带来的乐趣。选择【开始】/【所有程序】/【附件】/【画图】命令，进入如图4-14所示的工作界面，下面就在画图程序中绘制一幅简单的画，其具体操作如下。

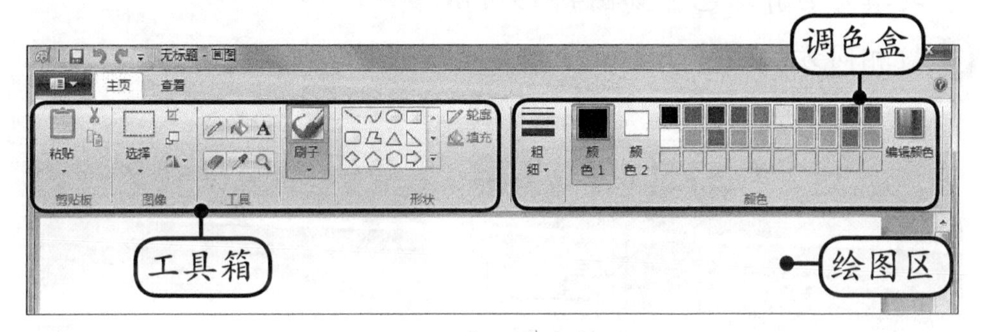

图4-14　“画图”工作界面

1 在“画图”工作界面的“形状”组中单击按钮，然后单击工具箱中的“粗细”按钮，在弹出的下拉列表中选择第3种样式，如图4-15所示。

2 将鼠标指针移至绘图区中，此时鼠标指针将变为+形状，拖动鼠标在绘图区中绘制出一条直线，如图4-16所示。

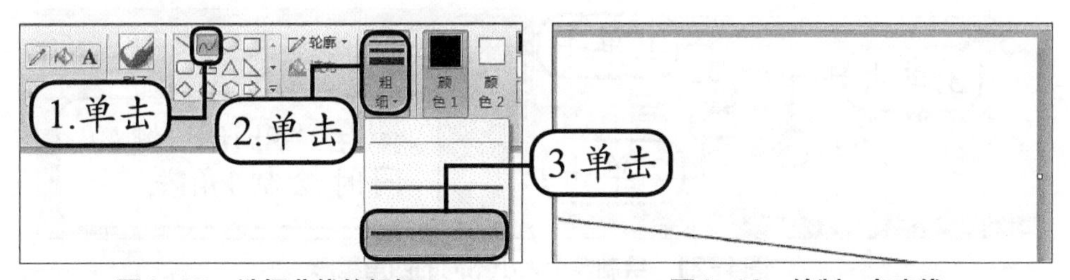

图4-15　选择曲线的粗细　　图4-16　绘制一条直线

3 将鼠标指针移动到直线中部，向上拖动鼠标，使直线变为有弧度的曲线，如图4-17所示。

4 双击鼠标完成曲线绘制，然后拖动鼠标调整曲线位置，如图4-18所示。

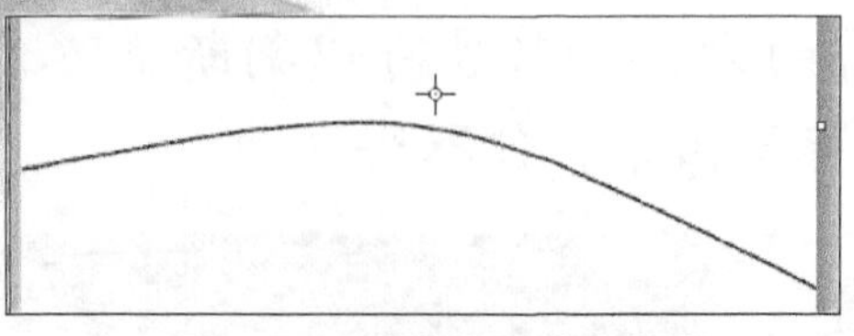
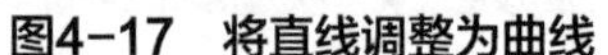

图4-17　将直线调整为曲线

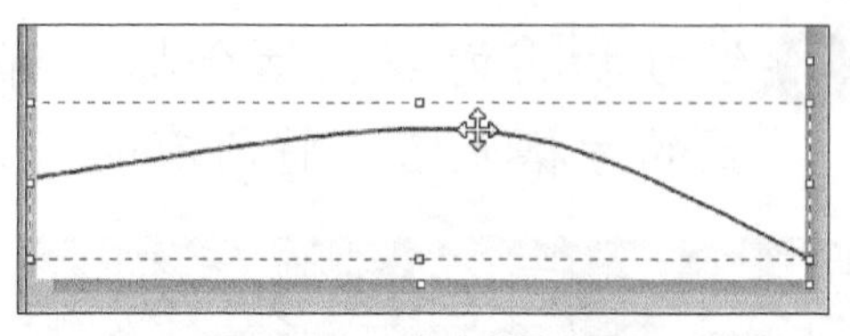

图4-18　移动曲线位置

5 在颜色组中，单击“颜色 1”按钮■，然后在调色盒中单击“青绿”色块后，单击“工具”组中的按钮，将鼠标指针移至绘图区中，当其变为形状时，在曲线上半部分中单击，将其填充为青绿色，如图4-19所示。

6 按相同方法，将下半部分填充为酸橙色，如图4-20所示。

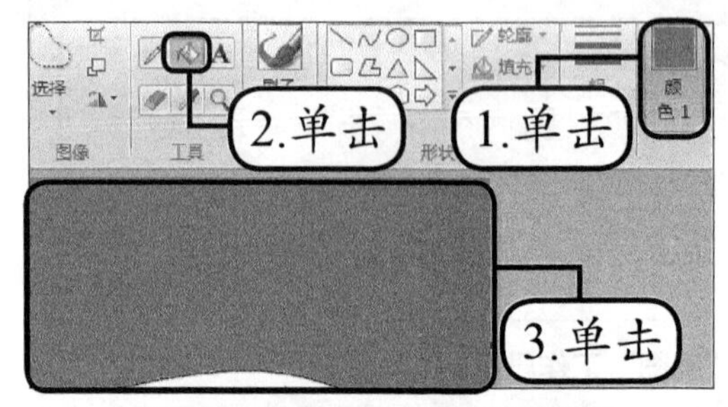

图4-19　填充曲线上半部分的颜色

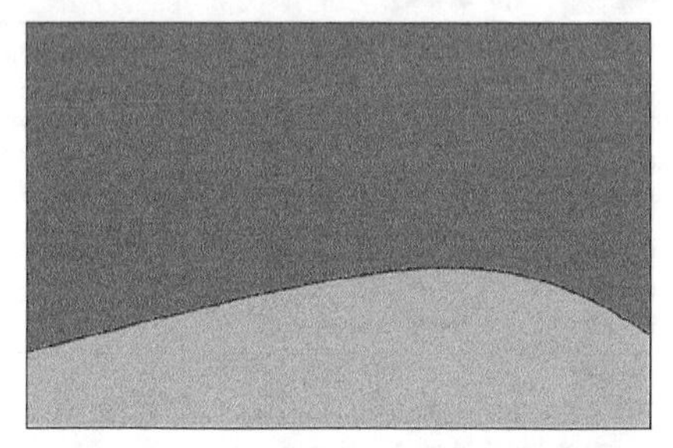

图4-20　填充曲线下半部分的颜色

7 在“形状”组中的“轮廓”下拉列表中选择“蜡笔”选项；在“填充”下拉列表中选择“纯色”选项，然后单击按钮，最后按住“Shift”键的同时，在曲线上半部分中拖动鼠标绘制多个四角星形，效果如图4-21所示。

图4-21　绘制多个大小不同的四角星形

4.2　使用电脑欣赏戏曲和音乐

音乐就像是生活中的一股清泉，它可以陶冶性情、带走寂寞，给人们的生活带来另一种享受，下面就来介绍在电脑中播放音乐的方法。

4.2.1 使用系统自带播放器播放戏曲

Windows 7操作系统自带的媒体播放器Windows Media Player可以播放音乐、视频等，它将给您带来全新的视听享受。选择【开始】/【所有程序】/【Windows Media Player】命令，启动Windows Media Player，并打开如图4-22所示的工作界面，下面就在该界面中播放戏曲，其具体操作如下。

图4-22　Windows Media Player 工作界面

1. 在“Windows Media Player”播放器的“列表窗格”中单击“播放”选项卡，然后打开电脑中保存音乐的文件夹，在其中选择一个或多个戏曲后，将文件拖动到列表窗格中，如图4-23所示，最后释放鼠标。

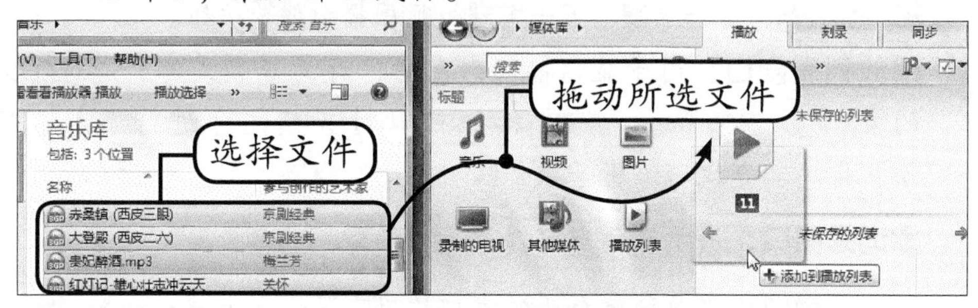

图4-23　拖动音乐文件到列表窗格

2. 播放器开始自动播放添加的文件，单击 未保存的列表 按钮，将列表名称设置为“经典京剧”，如图4-24所示，然后按“Enter”键确认输入。

❸ 单击播放控制区的按钮，切换到"正在播放"模式，如图4-25所示。

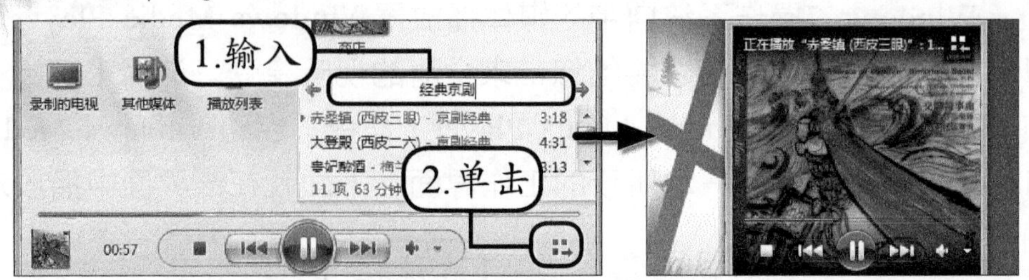

图4-24 自动播放添加的音乐文件　　图4-25 切换到"正在播放"模式

4.2.2 认识"千千静听"操作界面

如果电脑中未保存任何音频文件，则可以使用专业的音频播放软件来试听在线音乐，如千千静听、酷我音乐盒等。如图4-26所示为千千静听播放软件的工作界面，各组成部分的含义如下。

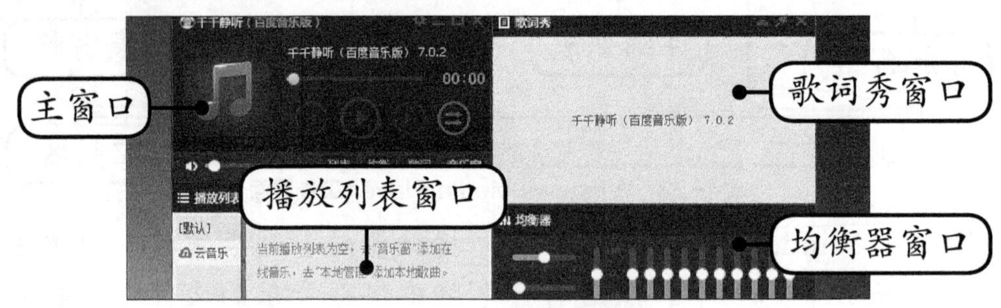

图4-26 千千静听工作界面

- **主窗口：** 用于显示正在播放的歌曲名称等信息，下方提供了播放、暂停、上一首、下一首和顺序播放等按钮。
- **播放列表窗口：** 用于显示播放列表中保存的音频文件，通过下方的 +添加 −删除 ☰列表 ⇅排序 查找 编辑 模式 按钮可以对音频文件进行添加、删除、排序、查找和编辑等操作。
- **歌词秀窗口：** 用于显示当前播放音乐的歌词内容。
- **均衡器窗口：** 可以按照自己的喜好拖动滑块来调节均衡器。

4.2.3 使用千千静听欣赏音乐

下面尝试使用千千静听欣赏在线音乐，其具体操作如下。

❶ 双击桌面快捷图标，进入千千静听工作界面，然后单击主窗口右下角的音乐窗按钮，打开如图4–27所示的“音乐窗”窗格。

❷ 在“在线音乐”选项卡中显示了当前网络的最新歌曲，单击歌曲所对应的▶按钮，如图4–28所示。

图4–27　打开“音乐窗”窗口

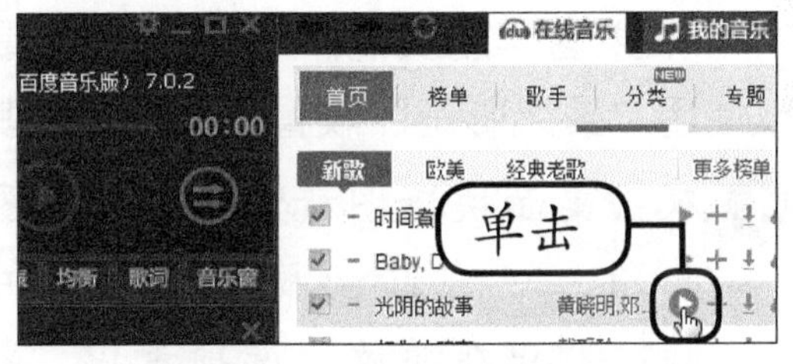

图4–28　单击“播放”按钮

❸ 此时，在千千静听播放器的“播放列表”窗口中将显示并开始播放所选歌曲。

4.3　使用电脑看视频

休闲娱乐活动，仅仅是听音乐和打游戏是远远不够的，老年朋友们还可以使用电脑观看在线或电脑中保存的视频文件。

4.3.1 使用系统自带播放器播放视频

Windows 7系统自带的播放器不仅可以播放音乐，而且还可以播放视频，其具体操作如下。

❶ 启动“Windows Media Player”播放器后，单击“列表窗格”中的“播放”选项卡，然后打开电脑中保存视频的文件夹，在其中选择一个或多个视频后，将文件拖动到列表窗格中，如图4–29所示，最后释放鼠标。

图4–29　拖动视频文件到列表窗格

2 播放器开始自动播放添加的文件，单击播放控制区的按钮，切换到“正在播放”模式，即可观看全屏画面。

4.3.2 使用“暴风影音”收看网络视频

如果老年朋友们不满足于只观看电脑中保存的视频文件，那么可以使用“暴风影音”收看网络视频，其具体操作如下。

1 双击桌面快捷图标，进入如图4-30所示的暴风影音主界面。其中，“在线影视”选项卡中显示了可在线收看的网络视频；“正在播放”选项卡中，将显示正在观看的视频文件。

2 由于在线视频数量较多，要找到想要观看的视频，就需要在搜索框中输入关键字。如搜索视频“辛亥革命”，则只需输入关键字“辛亥”后，即可在“在线影视”选项卡中显示相关搜索结果，如图4-31所示。

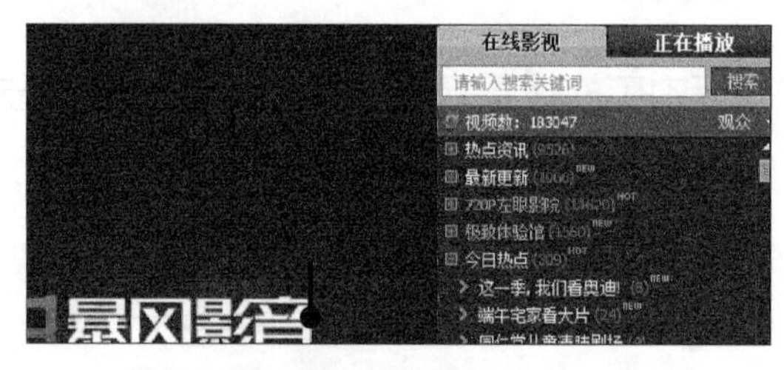

图4-30 进入“暴风影音”主界面

图4-31 搜索要观看的视频

3 双击“战争”栏下的“辛亥革命 2011”视频文件，稍后即可播放该视频，如图4-32所示。

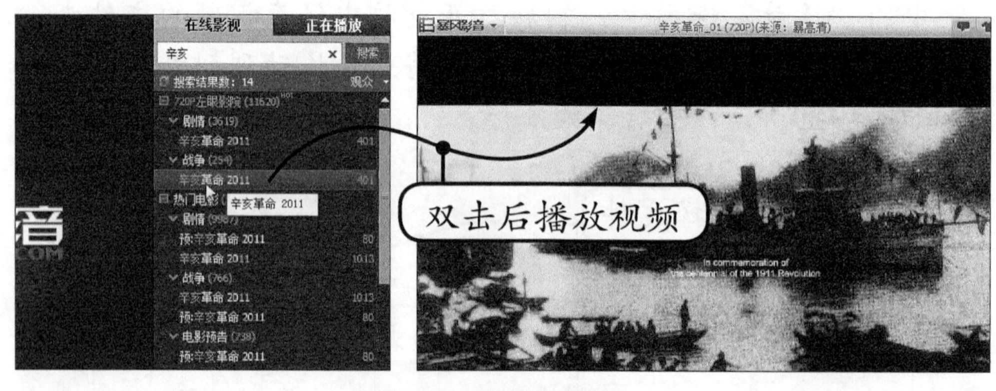

图4-32 播放在线视频

提高学习阶段

学习内容： 掌握使用光影魔术手修饰数码照片、制作电子相册和刻录光盘的相关操作。

学习方法： 首先学习简单的照片修饰方法，包括调整图像曝光度、去除人像红眼等，然后利用影视剪辑软件制作电子相册，最后将电子相册刻录成光盘。

4.4　数码照片的修饰

由于光线、角度和距离等因素，导致照出的数码照片可能会不尽如人意，此时可利用一些专业的图像处理软件对照片进行适当修饰。下面将以“光影魔术手”软件为例，来介绍修饰数码照片的简单操作。

4.4.1 裁剪图片

当想删除照片中的多余部分或是想将照片裁剪为符合相框比例的尺寸时，可以使用光影魔术手对照片进行裁剪，其具体操作如下。

❶ 将“光影魔术手 3.1.2.103”安装到电脑后，打开保存图片的文件夹，然后在要修改的图片上单击鼠标右键，在弹出的快捷菜单中选择“使用光影魔术手编辑和美化”命令，如图4–33所示。

❷ 系统自动启动“光影魔术手”软件，并打开所选图片，如图4–34所示。

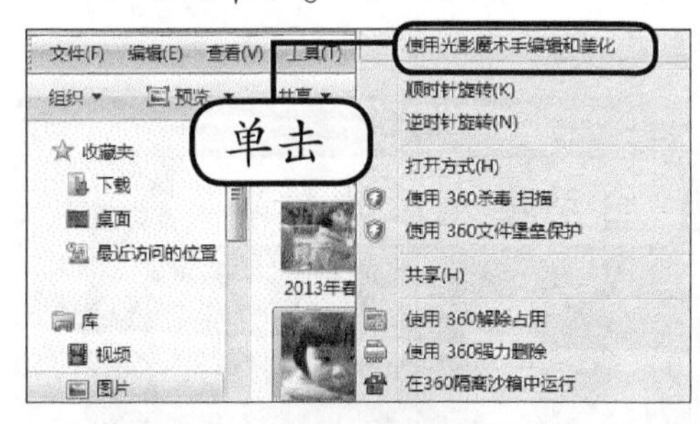

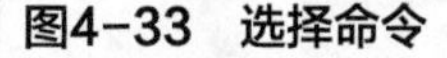
图4–33　选择命令

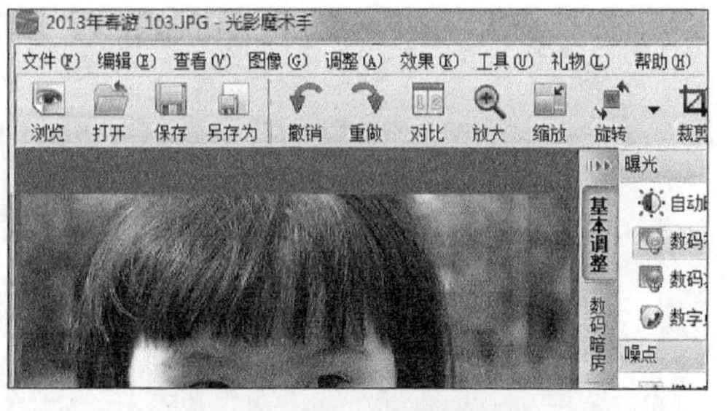

图4–34　启动光影魔术手

❸ 单击工具栏中的按钮右侧的下拉按钮，在弹出的下拉列表中选择“按16:9比例裁剪”选项，如图4–35所示。

❹ 此时图片将按所选比例进行自动裁剪，效果如图4-36所示。

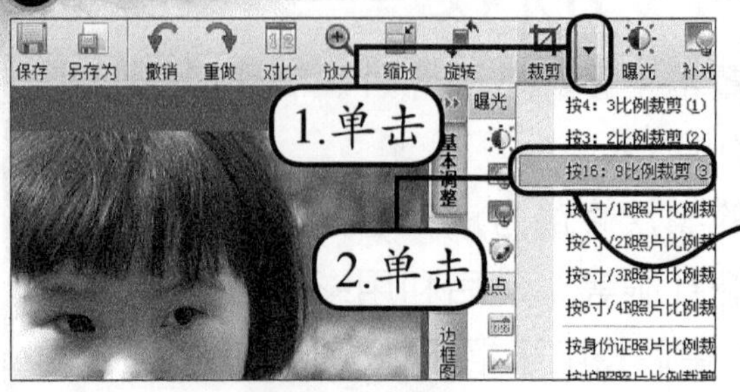

图4-35 选择裁剪比例

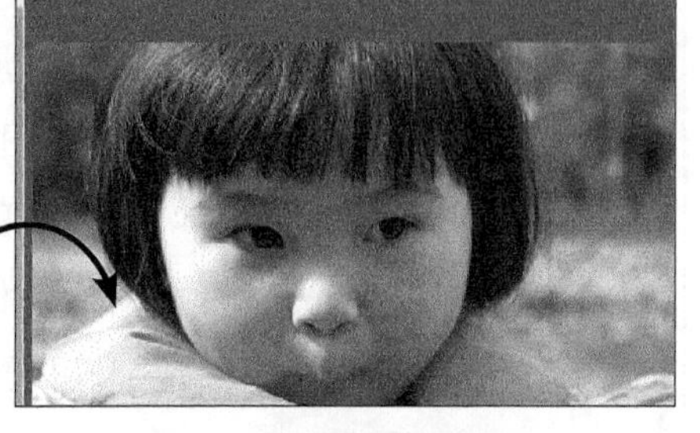

图4-36 查看裁剪效果

小提示 随意裁剪图片

单击“光影魔术手”工具栏中的□按钮，打开“裁剪”窗口，在“裁剪模式选项”栏中选中“自由裁剪”单选项，并在下方选择相应的裁剪工具后，即可在照片中拖动鼠标进行自由裁剪，最后单击 ✓确定 按钮应用。

4.4.2 调整图像曝光度

如果感觉照片主体明显偏亮或是偏暗，则可以利用光影魔术手来自动调整照片的曝光度，其具体操作如下。

❶ 单击主界面右侧“基本调整”栏中的“自动曝光”按钮，如图4-37所示。

❷ 此时系统将智能调节当前照片的曝光度，效果如图4-38所示。如果对自动调整后的照片效果不满意，则可单击该栏中的或按钮，手动调节照片曝光度。

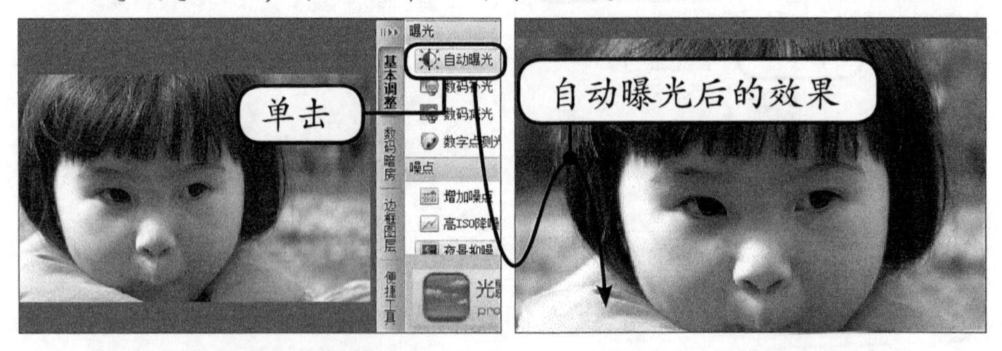

图4-37 单击“自动曝光”按钮　　图4-38 自动曝光后的照片

4.4.3 去除人像红眼

由于照片中人像眼睛有时会变红，下面将利用光影魔术手快速去除人像红眼，其具体操作如下。

1. 单击工具栏中按钮右侧的下拉按钮，在打开下拉菜单中选择“祛斑去红眼”命令，如图4-39所示。
2. 打开“去红眼”窗口，在“参数设置”栏中将“光标半径”设置为“8”，然后将鼠标指针移至瞳孔中的红色斑点处并单击，如图4-40所示，即可消除红眼，最后单击确定按钮。

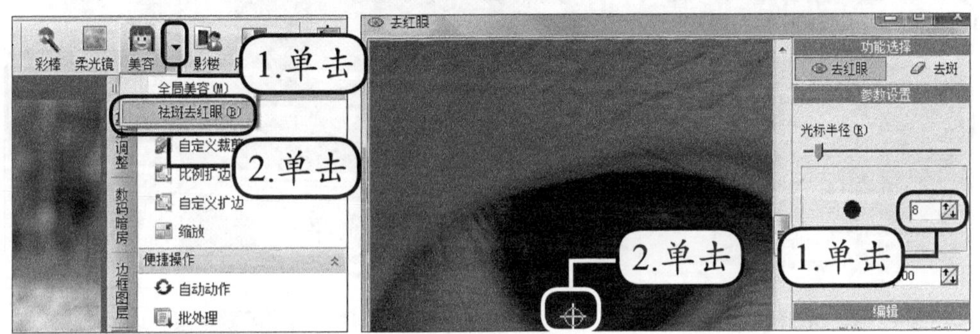

图4-39　选择“祛斑去红眼”选项　　图4-40　在瞳孔中的红色斑点处单击鼠标

3. 返回“光影魔术手”主界面，此时人像中的红眼就被去除，如图4-41所示。

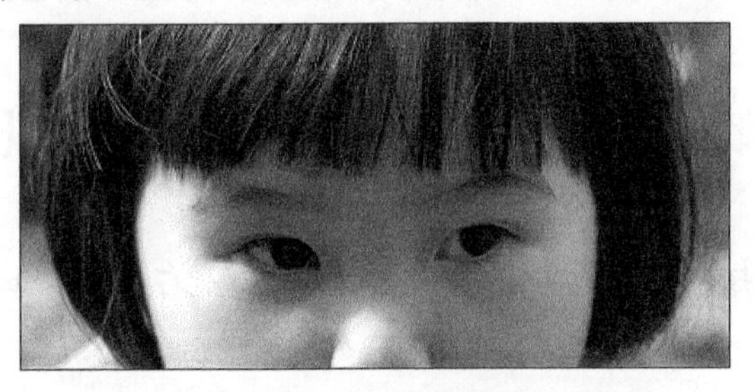

图4-41　人像红眼成功去除

4.4.4 为照片添加边框

为了让照片看起来更加美观并具有艺术效果，下面将使用光影魔术手为照片添加边框，其具体操作如下。

1. 单击工具栏中按钮右侧的下拉按钮，在打开的下拉菜单中

选择“花样边框”命令，如图4-42所示。

2 打开“花样边框”对话框，单击右侧的“本地素材”选项卡，在其中选择“可爱蛋蛋”边框样式。此时，左侧的预览区域将自动显示照片添加边框后的效果，确认无误后单击 ✓确定 按钮完成设置，如图4-43所示。

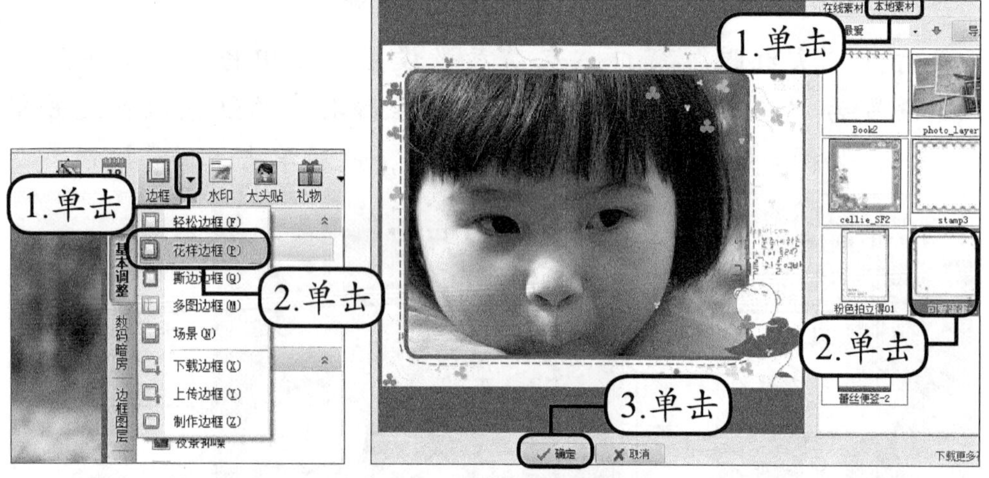

图4-42 选择边框样式　　图4-43 为照片添加“可爱蛋蛋”边框

4.4.5 在照片中添加文字

有时为了区分不同照片的意义，还可以在照片上添加文字，其具体操作如下。

1 在“光影魔术手”主界面中选择【工具】/【自由文字与图层】命令，如图4-44所示。

2 打开“自由文字与图层”窗口，在右侧“工具”栏中单击 汉 文字 按钮，如图4-45所示。

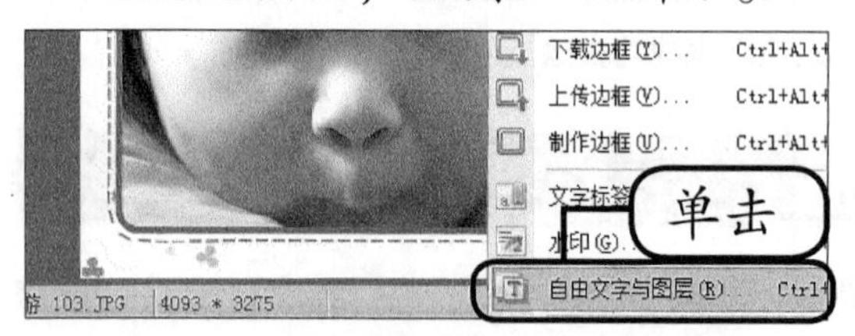

图4-44 选择“自由文字与图层”命令

图4-45 单击“汉 文字”按钮

3 打开“插入文字”对话框，在“字体”栏中将文字格式设置

为“微软雅黑、100、黑色”，然后在“文字”文本框中输入要添加的文字内容，最后单击 确定 按钮，如图4-46所示。

4 返回“自由文字与图层”窗口，单击输入的文字，然后拖动该文字至图像的右下角后再释放鼠标，如图4-47所示

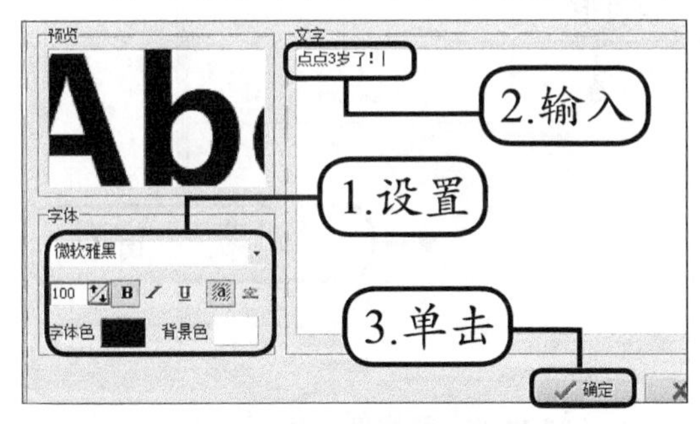

图4-46　设置文字格式并输入文字

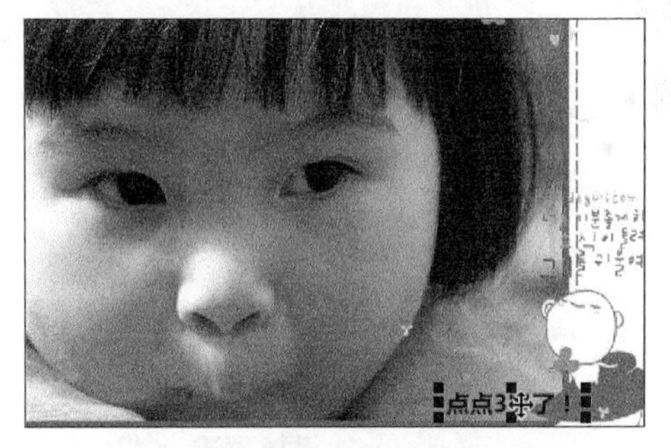
图4-47　拖动输入的文字

5 在“属性”栏中拖动“透明度”滑块，将其设置为“38%”后，单击 确定 按钮，如图4-48所示。

6 返回“光影魔术手”主界面，单击工具栏中的按钮，如图4-49所示，保存对照片所做的修改。

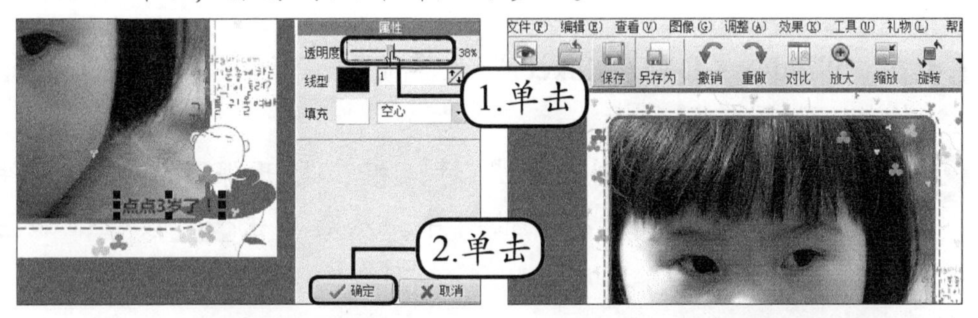

图4-48　设置文字透明度　　图4-49　保存修改后的照片

4.5　制作电子相册

简单地浏览电脑中保存的图片会显得有点枯燥，此时可利用Windows 7自带的影视剪辑软件，将处理好的照片制作成电子相册。

4.5.1 认识影视剪辑软件

选择【开始】/【所有程序】/【Windows DVD Maker】命令，即可

启动“Windows DVD Maker”软件，如图4-50所示。其中“编辑”栏用于编辑添加的项目文件；“列表”窗格用于显示导入的视频和图片文件；“状态”栏用于显示当前刻录DVD的名称和所用时间。

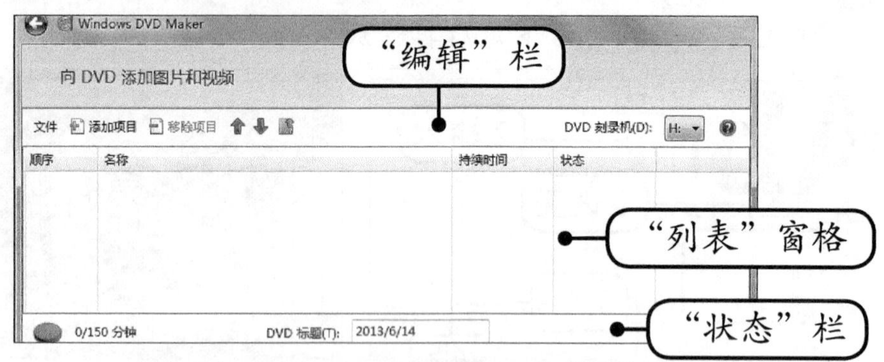

图4-50 “Windows DVD Maker”主界面

4.5.2 编辑电子相册中的图片

下面将在Windows自带的影视剪辑软件中添加多张图片，并为导入的图片文件添加相应的菜单样式和背景音乐，让图片更具有观赏性，其具体操作如下。

1. 在“Windows DVD Makeer”主界面的编辑栏中，单击添加项目按钮，如图4-51所示。
2. 打开“将项目添加到DVD”对话框，打开保存图片的文件夹后，在其中可以选择多张图片，然后单击添加按钮，如图4-52所示。

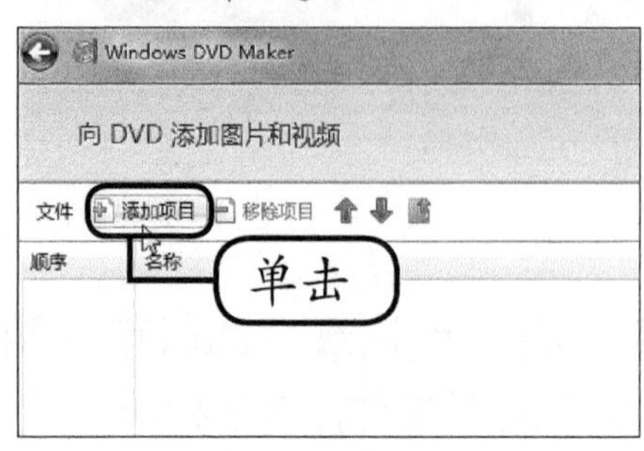

图4-51 单击“添加项目”按钮

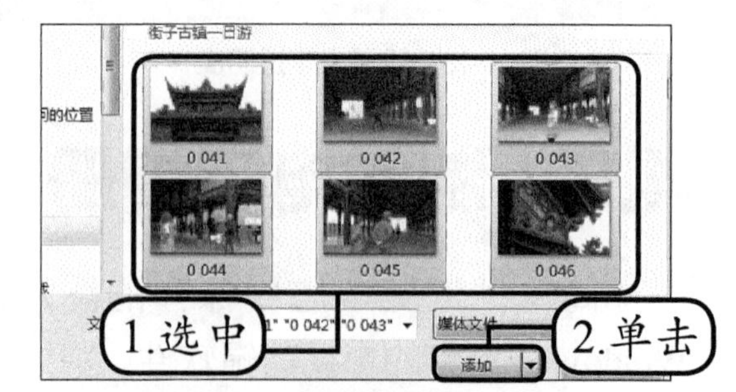

图4-52 选择需添加的图片

3. 此时，“列表”窗格中将显示添加的项目文件夹，双击该文件夹，如图4-53所示，查看详细的图片信息。

❹ 在“列表”窗格中选择要编辑的图片后，单击“编辑”栏中的移除项目按钮，可将所选图片移除；单击⬇按钮，可将所选图片下移一位；单击⬆按钮，则可将所选图片上移一位；这里保持默认设置，直接单击下一步(N)按钮，如图4-54所示。

图4-53　双击文件夹

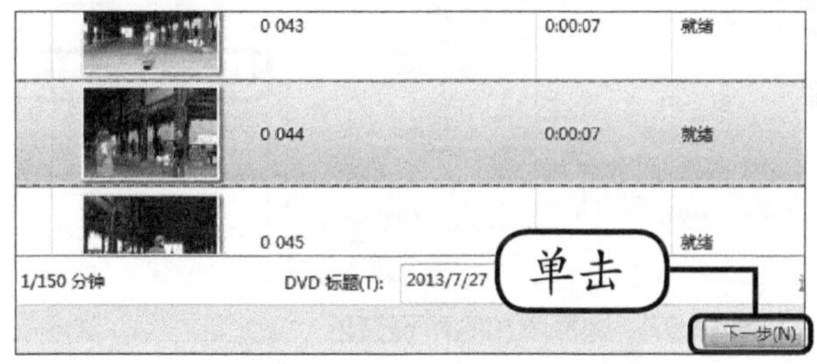

图4-54　单击“下一步”按钮

❺ 在打开的窗口中单击菜单文本按钮，打开“更改DVD菜单文本”窗口，在“DVD 标题”文本框中输入“街子古镇一日游”，然后单击更改文本(C)按钮，如图4-55所示。

❻ 返回“准备刻录DVD”窗口，在“菜单样式”列表框中选择“旅行”选项，然后单击放映幻灯片按钮，如图4-56所示。

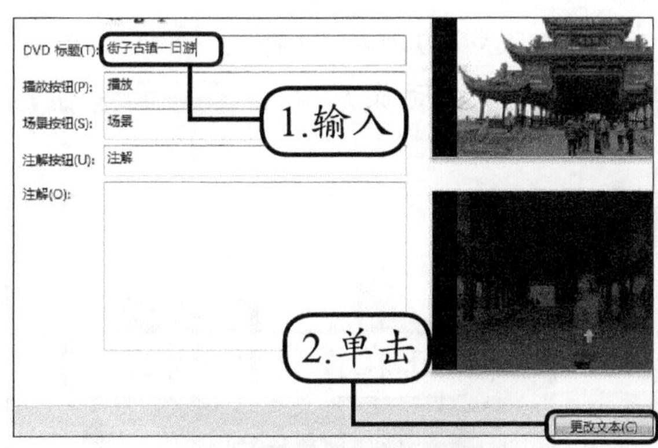

图4-55　更改DVD标题

图4-56　选择菜单样式

❼ 在打开的窗口中单击添加音乐(A)...按钮，打开“将音乐添加到幻灯片放映”对话框，打开保存音乐的文件夹后，在中间列表框中选择要添加的音乐，然后单击添加按钮，如图4-57所示。

❽ 返回“更改幻灯片放映设置”窗口，选中“更改幻灯片放映长度以与音乐长度匹配”复选框后，单击更改幻灯片放映(C)按钮，如图4-58所示。

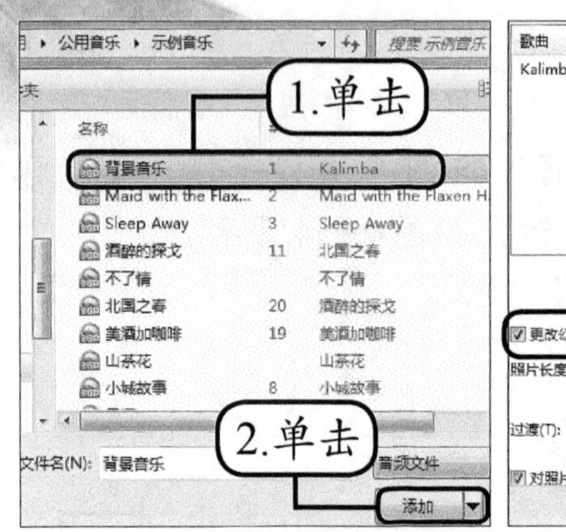

图4-57　选择添加的背景音乐

图4-58　设置幻灯片放映效果

4.5.3 预览电子相册

在将制作好的电子相册刻录成DVD前，为了保证相册的正确性，需要先对电子相册进行预览，其具体操作如下。

1. 单击“准备刻录DVD”窗口中的预览按钮，此时，Windows DVD Maker自动生成预览，如图4-59所示。
2. 稍后进入预览菜单，单击窗口底部的▶按钮即可播放制作好的电子相册，如图4-60所示。完成预览后单击确定(O)按钮退出预览模式。

图4-59　生成预览

图4-60　预览制作好的相册

4.6　刻录光盘

为了方便保存和使用，下面继续利用Windows DVD Maker将制作

好的电子相册刻录为视频光盘，其具体操作如下。

1. 在制作好电子相册后，将DVD刻录光盘放入刻录机中，在“准备刻录DVD”窗口中单击刻录(U)按钮，如图4-61所示。
2. 此时将打开提示对话框，提示“正在创建DVD，请稍候”信息，刻录完成后，对话框自动关闭，如图4-62所示。

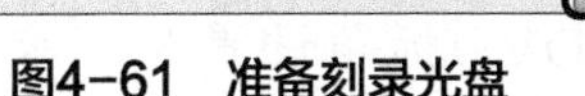
图4-61　准备刻录光盘

图4-62　正在刻录

练习阶段

练习内容： 利用便笺记录家人饮食习惯，制作“旅游”相册。

视频路径： 光盘:\第4天\练习阶段\练习一.swf、练习二.swf。

练习一　利用便笺记录家人饮食习惯

下面练习使用便笺小工具，涉及的操作包括新建便笺、输入文字内容、添加便笺和更改便笺颜色，以及移动便笺位置等。如图4-63所示为创建便笺的最终效果。

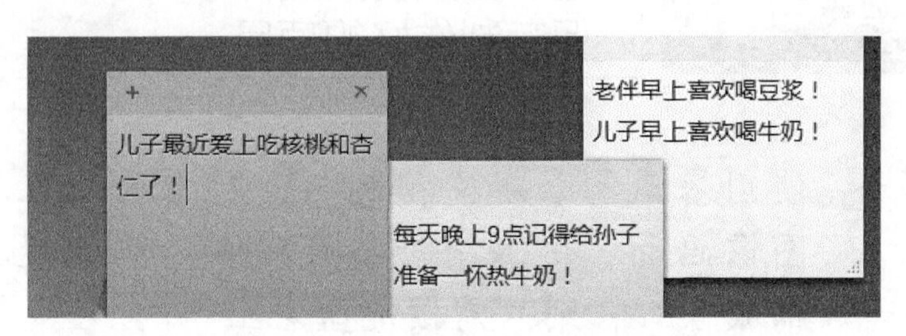

图4-63　利用便笺记录提醒事项

步骤提示

◎ 成功启动便笺后，在鼠标光标处输入家人的饮食习惯。

◎ 单击+按钮，在添加的新便笺中输入相应的文字，然后在该便笺上单击鼠标右键，在弹出的快捷菜单中选择“绿”命令。

◎ 按相同方法添加一个紫色便笺，并拖动便笺标题栏调整其位置。

练习二　制作“旅游”相册

下面练习使用Windows DVD Maker影视剪辑软件制作“旅游”相册，效果如图4-64所示，最后将制作好的电子相册刻录到DVD光盘中。

步骤提示

◎ 在“Windows DVD Maker”主界面中单击添加项目按钮，在打开的对话框中选择要制作成相册的多张图片或视频，然后单击下一步(N)按钮。

◎ 在打开的窗口中单击菜单文本按钮，将DVD标题设置为“旅游”，然后选择“软焦点”菜单样式，最后预览并刻录电子相册。

图4-64　预览制作好的“旅游”相册

全屏播放视频文件
保存制作好的项目

技巧一：使用暴风影音观看视频时，可双击正在播放的图像画面，进入全屏播放模式。若想退出全屏播放模式，则只需按键盘左上角的“Esc”键。

技巧二：利用Windows 7自带软件制作好电子相册或家庭影像后，若不想立即对其进行刻录，则可选择【文件】/【保存】命令，在打开的对话框中设置项目名称和保存位置后，单击保存按钮即可。

第5天

网上生活乐趣多

学习目标

足不出户便能洞悉天下事，这就是网络带给我们最直观的感受，下面将讲解一些常用的网络活动，包括看新闻、查天气、网上交易、浏览网页、在网上搜索和保存资料等实用操作。

学习内容

- 学会灵活使用浏览器
- 掌握从网上搜索资料的方法
- 掌握保存网页、网页图片和文字的具体操作
- 了解下载网络资源的方法
- 学会利用网络看新闻、查天气、查公交线路
- 熟悉网上购物的流程

基础学习阶段

学习内容：了解将计算机连入互联网的相关操作，认识并灵活使用浏览器。

学习方法：首先理解计算机连入互联网的相关操作，然后熟悉IE 10浏览器的组成部分，最后设置浏览器的属性使其符合自己的使用习惯。

5.1 上网前的准备工作

如果老年朋友想在家中上网，只需要向网络服务商提出申请，办理好相关手续后会有专业人员上门安装和调配网络，并建立好网络连接，这样就可以进入神奇的网络世界了。如果老年朋友不能独立完成操作，建议向子女或朋友求助。下面将通过电信提供的账号连入网络，其具体操作如下。

1. 打开电脑进入操作系统后，双击桌面上的宽带连接图标，如图5-1所示。
2. 打开“连接 宽带连接”对话框，分别在“用户名”和“密码”文本框中输入申请的账号和密码，然后单击 连接(C) 按钮，如图5-2所示，即可连入互联网。

图5-1　双击宽带连接图标

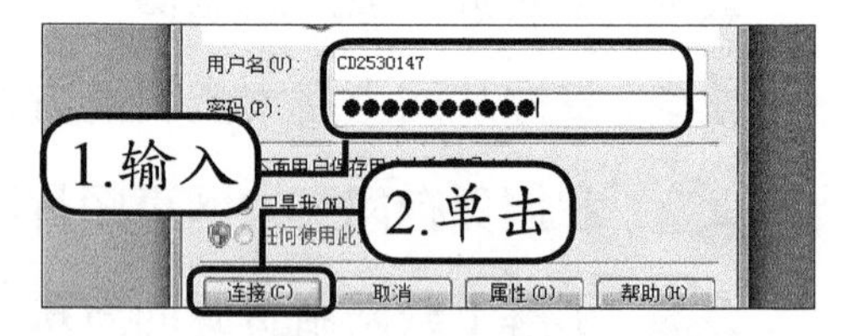

图5-2　输入账号和密码

5.2 认识浏览器

首先认识一下网页浏览工具——IE 10浏览器，它是Windows 7自带的程序，如图5-3所示就是IE 10浏览器的主界面，其各个组成部分的功

能和作用分别介绍如下。

图5-3 IE 10浏览器主界面

- **地址栏：** 主要显示当前打开网站的网址，单击⬅按钮可返回到上次浏览的页面，单击➡按钮可打开进行返回操作前的网页。
- **选项卡：** 可以在一个IE窗口中同时打开多个网页，从而实现分页浏览的效果。如果想关闭某一选项卡，可按"Ctrl+W"组合键。
- **工具按钮：** 其中包括🏠、☆和⚙3个按钮，单击第1个按钮，可打开IE主页；单击第2个按钮，可打开网页收藏夹；单击最后一个按钮，可对浏览器进行相应设置。
- **浏览区：** 用于显示网页内容，如图像、文字和动画等。当网页内容无法在网页浏览区完全显示时，可滚动鼠标滚轮或拖动滚动条查看未显示的内容。

5.3 上网更方便

有时为了方便上网操作，老年朋友可以将常用网站设置为主页，这样启动IE浏览器时就会自动打开该网站，省去了输入网址的麻烦。此外，您还可以设置网页中文字显示的大小，其具体操作如下。

1. 双击桌面快捷图标，启动IE 10浏览器后，单击工具按钮中的⚙按钮，在打开的下拉菜单中选择"Internet 选项"命令，如图5-4所示。
2. 打开"Internet 选项"对话框中的"常规"选项卡，在"主页"栏的列表框中输入常用网站的网址，这里输入购物网站淘宝网的网址"www.taobao.com"，然后单击 确定 按钮，如图5-5所示。

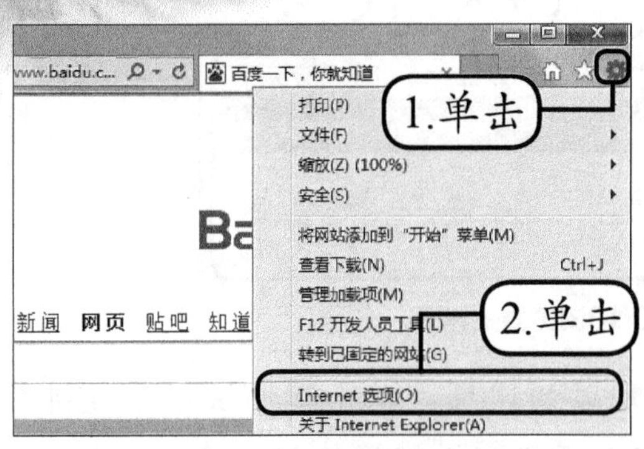

图5-4 选择“Internet 选项”命令

图5-5 将常用网站设置为主页

3. 关闭IE浏览器后，重新启动浏览器，此时将自动打开淘宝网首页，单击工具按钮中的按钮，在打开的下拉菜单中选择【缩放】/【400%】命令，如图5-6所示。

4. 在浏览器中即可看到文字变大了，效果如图5-7所示。

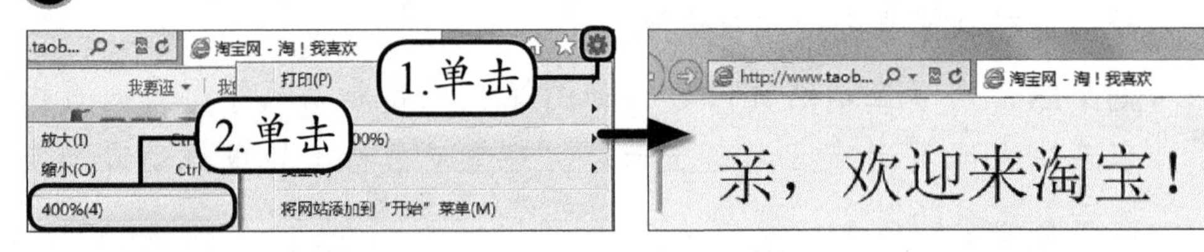

图5-6 选择缩放比例

图5-7 放大文字后的效果

小提示 添加多个主页

在“常规”选项卡的“主页”栏中输入要添加的多个网站地址，注意每输入一个网址后需按“Enter”键换行，才能继续输入下一个网址，最后单击确定按钮完成设置。

提高学习阶段

学习内容： 掌握搜索和保存网页资源的方法，通过网络掌握看新闻、查天气、查公交及网上购物的相关操作。

学习方法： 首先学习浏览网页信息的操作，然后利用专门的搜索工具搜索所需网络资源，最后掌握简单的网上购物和网上视听的操作方法。

5.4　搜索并保存网上资源

互联网中信息繁多，怎样才能在这个信息海洋中找到自己需要的资料呢？此时可通过专业的搜索网站，快速从网上获取所需资源，同时，还可以将找到的资料保存起来以便日后查阅。

5.4.1 搜索需要的信息

专业的搜索引擎有很多，常用的有百度、谷歌和搜狗等。下面以在百度网搜索资料为例进行讲解，其具体操作如下。

1. 启动IE 10浏览器，在地址栏中输入百度网址“www.baidu.com”，然后单击右侧的“转到”按钮，如图5-8所示，也可以输入网址后按“Enter”键。
2. 此时，浏览器中将显示百度的主页，在文本框中输入需要搜索的内容，这里输入“京剧”，然后单击百度一下按钮，如图5-9所示。

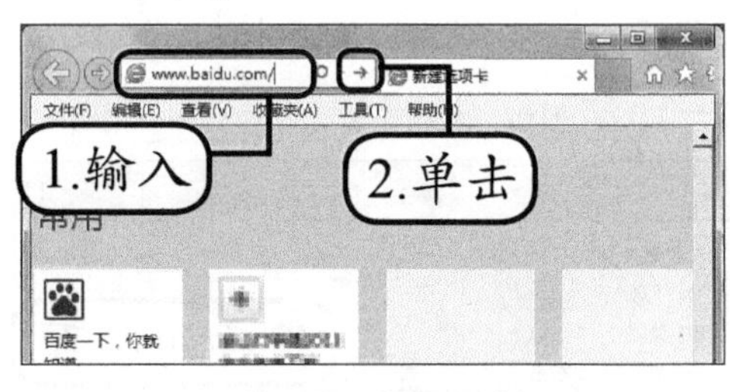

图5-8　打开百度网

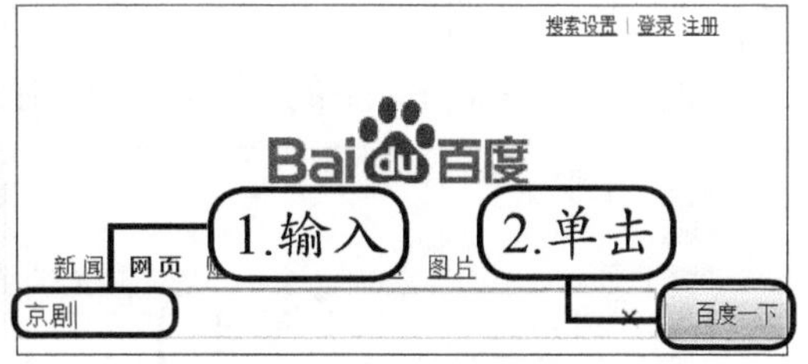

图5-9　输入搜索信息

3. 稍后页面将显示与“京剧”相关的网页，在其中查找要查看的信息，这里单击“京剧_百度百科”超链接，如图5-10所示。
4. 在新选项卡中打开百度百科网页，浏览区将显示该网页的主要内容，效果如图5-11所示。

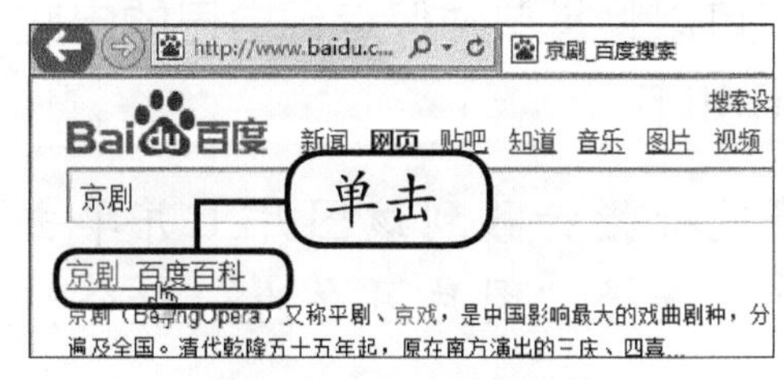

图5-10　选择搜索结果

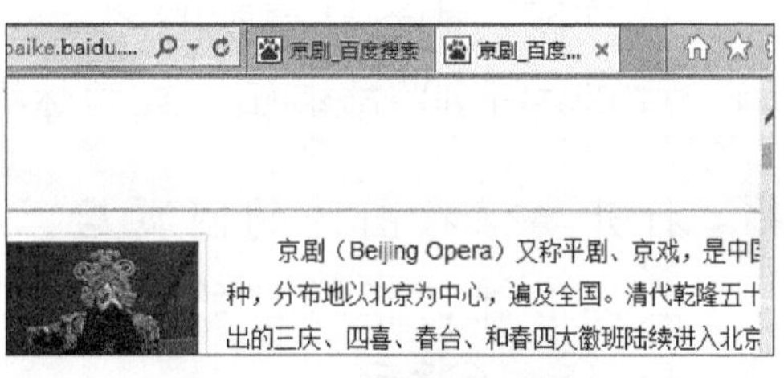

图5-11　浏览网页内容

5.4.2 保存网页

如果觉得网页上的内容有用，可以将整个网页保存下来，其具体操作如下。

1. 打开要保存的网页，在地址栏中的空白区域单击鼠标右键，在弹出的快捷菜单中选择“菜单栏”命令，如图5-12所示。
2. 在菜单栏中选择【文件】/【另存为】命令，如图5-13所示。

图5-12 选择“菜单栏”命令

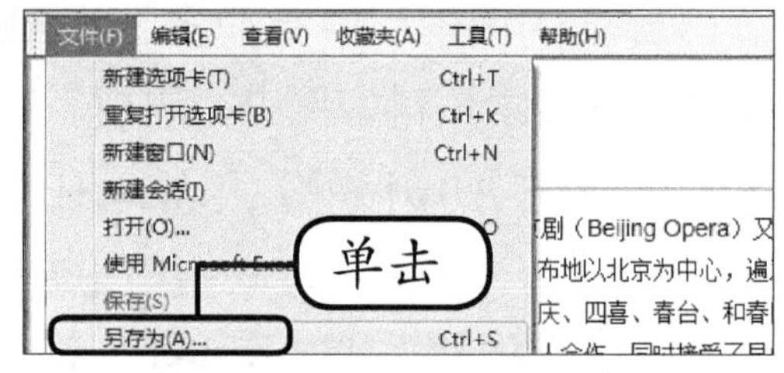

图5-13 选择“另存为”命令

3. 打开“保存网页”对话框，保持网页保存位置和文件名不变，单击保存(S)按钮，如图5-14所示。
4. 打开“计算机”窗口，通过左侧列表切换到“文档”窗口，便可查看到保存的网页，如图5-15所示。

图5-14 保存整个网页　　图5-15 查看保存的网页

5.4.3 保存图片

当在网页中看到喜欢的图片时，可以将其单独保存到自己的电脑中，方便进行浏览或编辑，其具体操作如下。

1. 打开要保存图片的网页后，将鼠标指针移到该图片上并单击鼠标右键，在弹出的快捷菜单中选择“图片另存为”命令，如图5-16所示。

❷ 打开“保存图片”对话框，在文件名文本框中输入“金鱼”文本，其他保持默认设置，最后单击 保存(S) 按钮，如图5-17所示。稍后即可将所选图片保存到电脑中“图片”库中。

图5-16　选择“图片另存为”命令

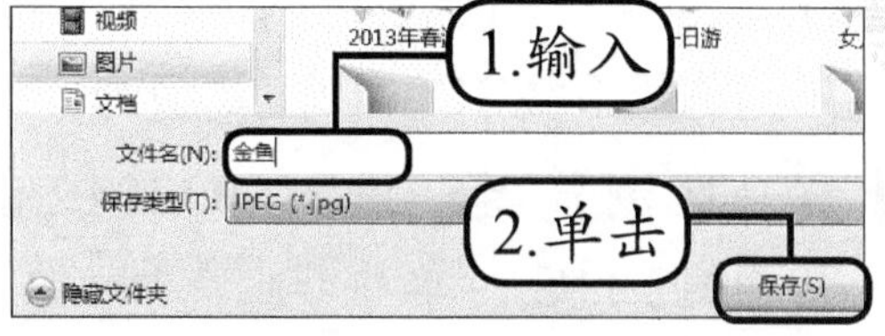

图5-17　设置图片名称

5.4.4 保存网页中的文字

当在网上查找到对自己有用的文字信息时，可以将这些信息保存到电脑中，方便随时查阅，其具体操作如下。

❶ 打开需要保存文字的网页，在其中拖动鼠标选中要保存的文字内容（此时文字将为蓝底白字显示），然后选择【编辑】/【复制】命令，如图5-18所示。

❷ 打开“记事本”程序，在文档编辑区中单击鼠标右键，在弹出的快捷菜单中选择“粘贴”命令，如图5-19所示。

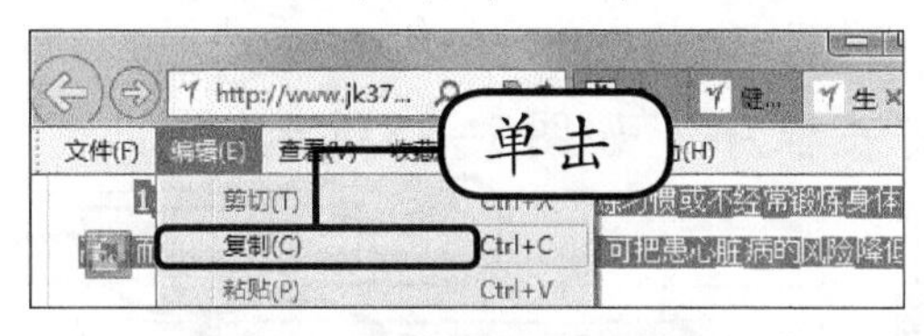

图5-18　复制网页中的文字

图5-19　在记事本中粘贴文字

❸ 在记事本中即可看到粘贴的文本内容，然后选择【文件】/【保存】命令，如图5-20所示。

❹ 在打开的“另存为”对话框中保持默认存储路径，在“文件名”文本框中输入“如何保护心脏”文本，然后单击 保存(S) 按钮确认保存，如图5-21所示。

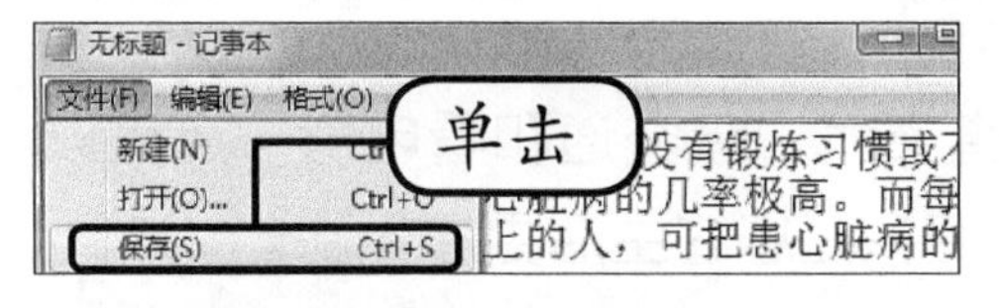

图5-20　保存复制的文字内容

图5-21　保存文件

5.4.5 下载网络资源

除了可以将网上的文字和图片等信息保存到电脑中，还可以将网上的视频文件、音频文件或软件安装程序等资源下载到电脑中。下面将利用IE浏览器下载QQ2012正式版的安装程序，其具体操作如下。

1. 启动IE浏览器，进入QQ2012官方网站（http://im.qq.com/qq/2012）后，单击立即下载按钮，如图5-22所示。
2. 在打开的提示对话框中单击保存(S)按钮右侧的下拉按钮▾，然后在打开的菜单中选择“另存为”命令，如图5-23所示。

图5-22　单击“立即下载”按钮

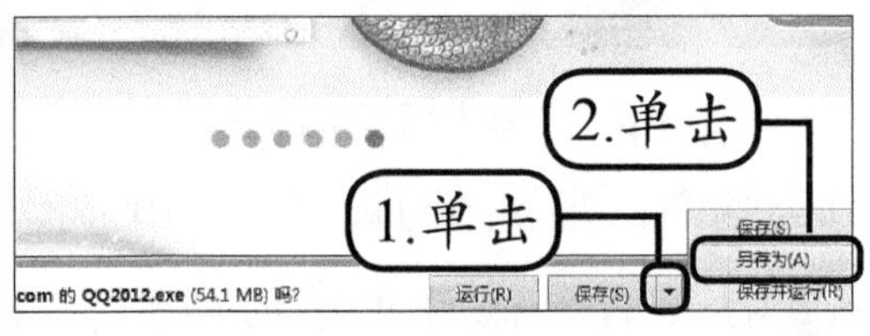

图5-23　选择“另存为”命令

3. 打开“另存为”对话框，保持默认的文件名称和保存路径不变，单击保存(S)按钮完成操作，如图5-24所示。
4. 此时浏览器开始下载安装程序，并显示下载进度，稍作等待后，将在浏览器底部显示“下载已完成”信息，单击打开文件夹(P)按钮，即可查看下载的QQ安装程序，如图5-25所示。

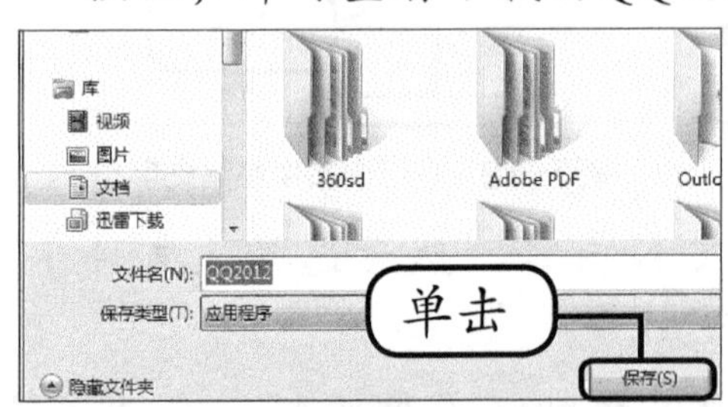

图5-24　保存下载的安装程序

图5-25　查看下载的安装程序

5.5 精彩的网络生活

老年朋友可以在网上看新闻、查天气、查交通和看电影，还可以通过网上银行为网购付款和缴纳电话费，让您的生活更加便利。

5.5.1 看新闻

利用网络可以在第一时间了解国内外发生的大小事件，下面将在新浪网中浏览新闻，其具体操作如下。

1. 在IE 10浏览器中输入网址“www.sina.com.cn”后，按“Enter”键进入网站首页，单击“新闻”超链接，如图5-26所示。
2. 打开“新闻中心首页”网页，其中显示了国内、国外的相关新闻，单击某条新闻名称对应的超链接。
3. 在打开的页面中查看此条新闻的详细内容，如图5-27所示。

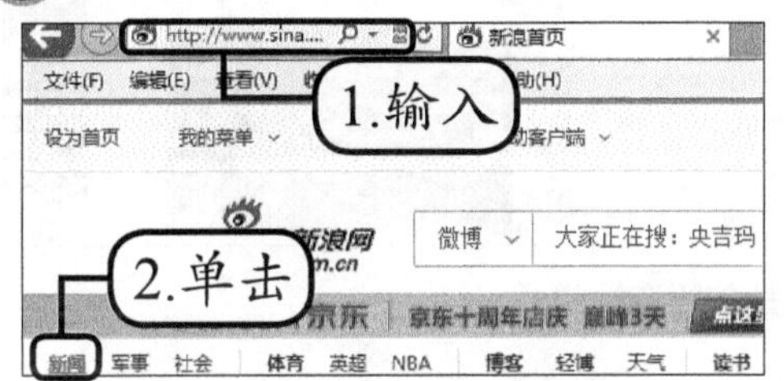

图5-26 单击“新闻”超链接

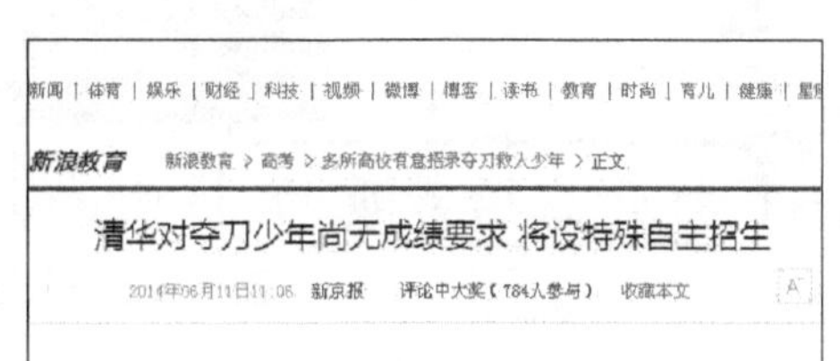

图5-27 单击超级链接并查看新闻

5.5.2 影音视听

电脑中保存的歌曲和视频文件有限，老年朋友可以尝试听听互联网中丰富的影音资源，其具体操作如下。

1. 在IE 10浏览器中打开百度网首页后，单击“音乐”超链接，如图5-28所示。
2. 打开“百度音乐”网页，其中按不同类型显示多个音乐文件，单击要试听的音乐所对应的▶按钮，如图5-29所示，此时系统就开始自动播放音乐。

图5-28 单击“音乐”超链接

图5-29 播放音乐文件

3. 单击百度音乐网顶部的“视频”超链接，如图5-30所示。
4. 在打开的“百度视频”网页中显示了不同类型的视频信息，

如电影等，这里单击“视频广场”超链接，如图5–31所示。

图5–30 单击“视频”超链接

图5–31 单击“视频广场”超链接

5 打开“视频广场”网页，单击左侧“热门话题”列表中的广场舞按钮，进入如图5–32所示的“广场舞”页面，单击其中的任意一个图片即可播放该视频。

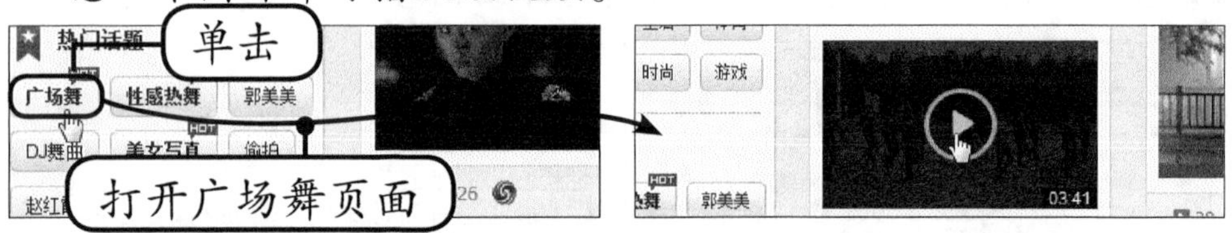

图5–32 单击播放所选视频

5.5.3 查询天气

很多老年朋友对天气的变化十分关注，如果错过了电视台播放的天气预报怎么办呢？别着急，在网上也可以查询天气，其具体操作如下。

1 在IE 10浏览器中输入可查询天气的网站，这里打开查天气网（www.chatianqi.com），如图5–33所示。

2 在网页左侧的“全国各地天气在线查询”栏中通过下拉列表框选择要查询天气的地区，这里选择“四川 成都”，然后单击查询按钮，如图5–34所示。

图5–33 打开查天气网

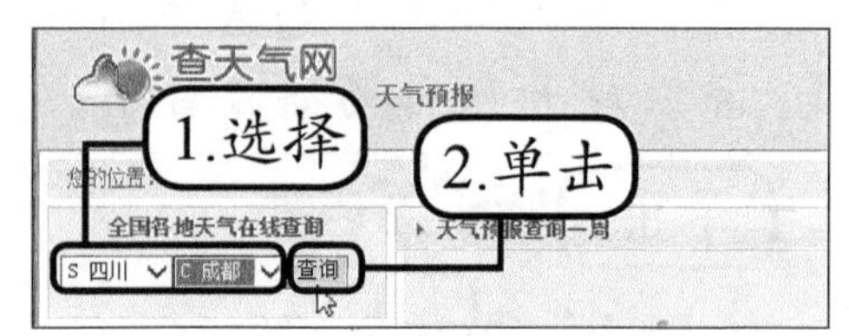

图5–34 选择要查询天气的地区

3 打开如图5–35所示的网页，其中显示了成都未来几天的天气情况。

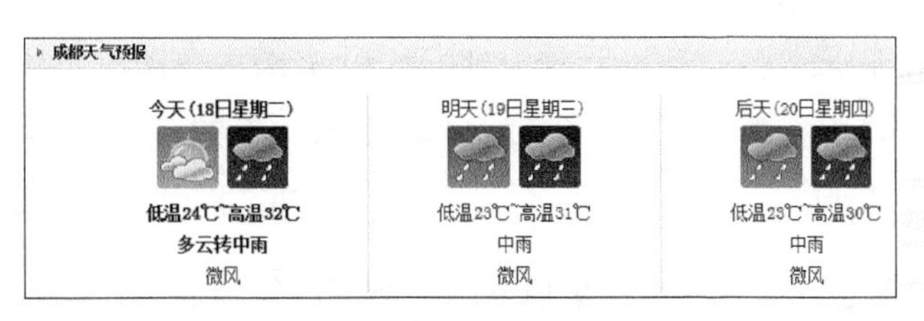

图5-35　查看成都未来几天的天气情况

5.5.4 查询公交

喜欢外出的老年朋友，出门之前做好出行路线的查询工作是十分必要的。现在，通过网络可以快速查询全国各大城市的公交线路，下面将在8684公交网中查询公交线路，其具体操作如下。

1. 启动IE 10浏览器，打开8684公交网（www.8684.cn），如图5-36所示。
2. 单击“公交查询”超链接后，单击选中“线路查询”单选项，然后选择要查询的城市和公交路线，这里选择“自贡”并输入“37”，最后单击搜索按钮，如图5-37所示。

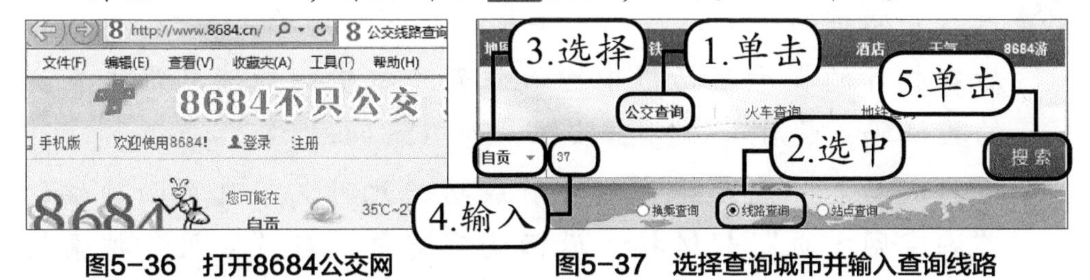

图5-36　打开8684公交网　　　　图5-37　选择查询城市并输入查询线路

3. 打开如图5-38所示的网页，其中显示自贡37路公交车的来回全部站点。

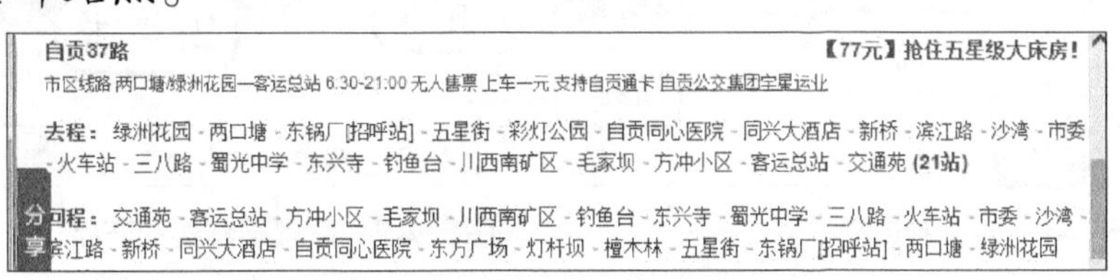

图5-38　查看37路公交的全部站点

5.5.5 网上购物

网上购物已逐渐渗透到老年群体中，那么如何才能真正实现购物呢？在进行网购之前，需要先带上自己的储蓄卡到银行申请开通网银业务，然后就可以进行网购了。不过老年朋友应注意，使用网银要谨慎，必要时可请子女或朋友帮忙。下面介绍网上购物的方法，其具体操作如下。

1. 在IE 10浏览器中输入可进行网购的网站，这里打开如图5-39所示的淘宝网（www.taobao.com），然后单击“免费注册”超链接。
2. 打开“新会员免费注册”页面，在其中填充相关的账户信息，包括账户名、登录密码等，输入完成后单击同意协议并注册按钮，如图5-40所示。

图5-39 打开淘宝网

图5-40 填写账户信息

3. 在打开的页面中输入自己的手机号码，然后单击提交按钮，稍后在打开的提示对话框中输入注册手机中以短消息形式发送的验证码，最后单击验证按钮，如图5-41所示。
4. 校验成功后，淘宝账户即注册成功。此时，单击页面顶端的“淘宝网首页”超链接，返回淘宝首页，在“宝贝”搜索框中输入产品名称，然后单击搜索按钮，如图5-42所示。

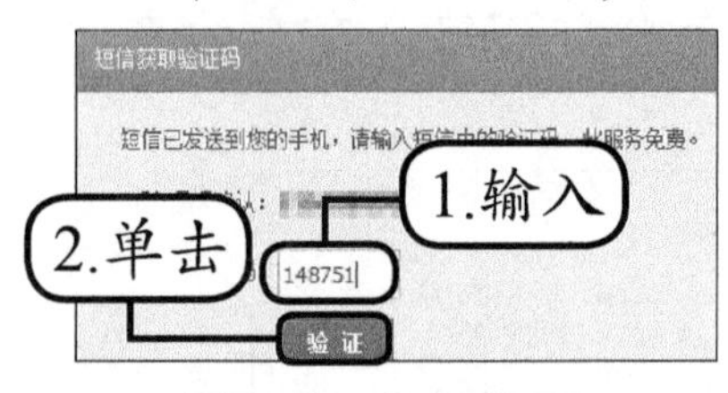

图5-41 输入验证码

图5-42 搜索要购买的产品

5. 在打开的页面中显示了符合搜索条件的所有“茶具套装”产品，单击此页面中的第1张图片缩略图，如图5-43所示。
6. 在打开的页面中显示了该产品的价格、颜色、性能等详细信息，如果决定购买，在当前页面中选择茶具颜色并输入购买

数量，如图5-44所示，最后单击立刻购买按钮。

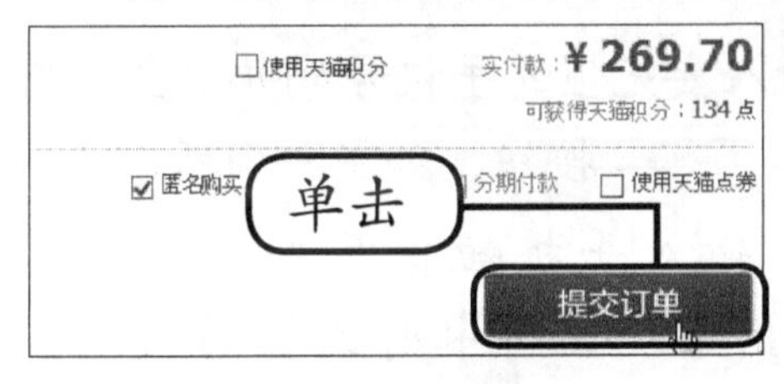

图5-43　查看搜索到的宝贝

图5-44　购买产品

7. 打开“确认定单”页面，在其中选择收货地址并确认定单信息无误后，单击提交订单按钮，如图5-45所示。
8. 打开“支付宝”页面，选中开通网上银行的银行卡后，单击下一步按钮，如图5-46所示，然后登录到网上银行进行付款，成功付款后等待卖家发货即可。

图5-45　提交定单

图5-46　选择付款银行

5.5.6 网上交电话费

开通网上银行后，不仅可以进行网上购物，还可以在网上办理缴费和转账等业务。下面将使用交通银行网银交电话费，其具体操作如下。

1. 在IE 10浏览器中打开交通银行首页（www.bankcomm.com），单击“个人网银”选项卡中的电子账户用户登录按钮，如图5-47所示。
2. 进入“网银登录”页面，并在页面底部弹出提示安装ActiveX控件对话框，单击安装(I)按钮，如图5-48所示，根据提示信息安装控件到电脑中。

图5-47　单击“电子账户用户登录”按钮

图5-48　安装ActiveX控件

3. 按“F5”键刷新页面，此时，网银用户名和登录密码文本框中将自动显示鼠标光标，在其中输入在银行办理网银业务时设置的用户名和密码，然后单击 登录 按钮，如图5-49所示。

4 进入“个人网上银行”页面，单击菜单栏中的 缴费 按钮，在展开列表中单击 按钮，如图5-50所示。

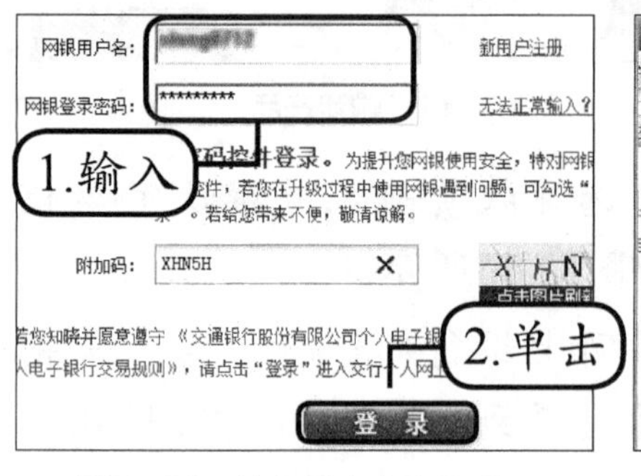

图5-49　输入用户名和密码

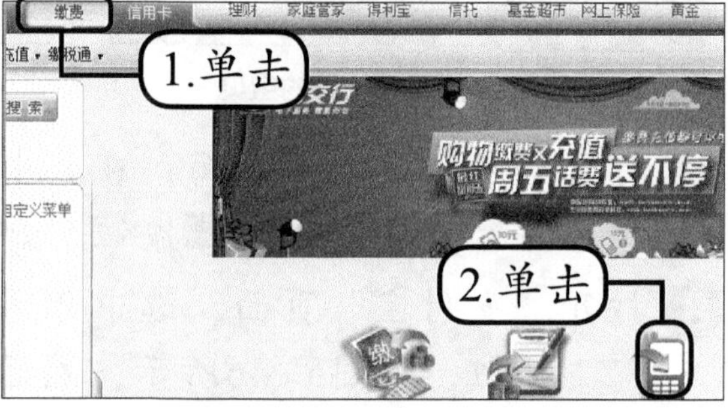

图5-50　选择手机缴费

5 进入“缴费-手机充值”页面，输入要充值的手机号码并单击选中相应充值金额的单选项后，单击 下一步 按钮，如图5-51所示。

6 进入“手机充值确认”页面，输入手机短信收到的动态密码，然后输入卡交易密码，即指办理银行卡时设置的密码，最后单击 确定 按钮，如图5-52所示，完成充值。

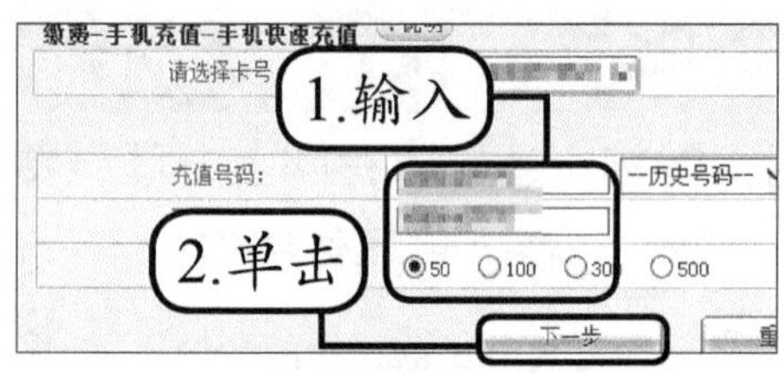

图5-51　设置充值手机号和金额

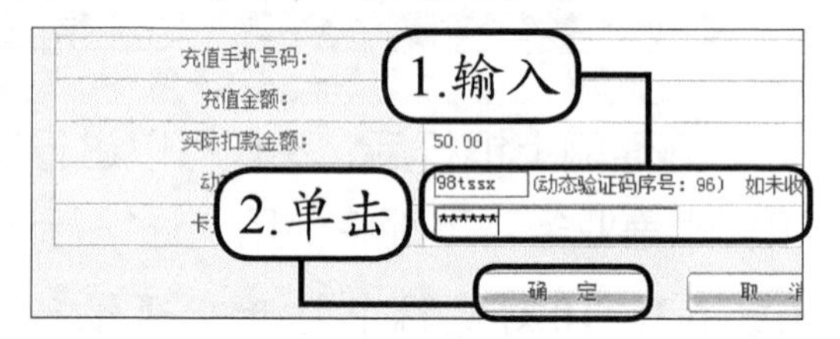

图5-52　确认手机充值

练习阶段

练习内容：保存网页中的养生信息，然后搜索旅游景点介绍，最后下载网络电视软件PPLive。

视频路径：光盘:\第5天\练习阶段\练习一.swf、练习二.swf、练习三.swf。

练习一　保存网页中的养生信息

下面练习将网页中的文字信息保存到电脑中，涉及的操作包括启

动IE 10浏览器、打开网页、复制和粘贴文本等。图5-53所示为保存文本后的最终效果。

步骤提示

◎ 启动IE 10浏览器后，在地址栏中输入网址“http://baike.baidu.com”，然后按“Enter”键。在百度百科中搜索”老人养生“的相关信息。

◎ 在打开页面中拖动鼠标选择要复制的文本后，按“Ctrl+C”组合键。

◎ 在“记事本”程序中按“Ctrl+V”组合键粘贴文本，最后保存文件。

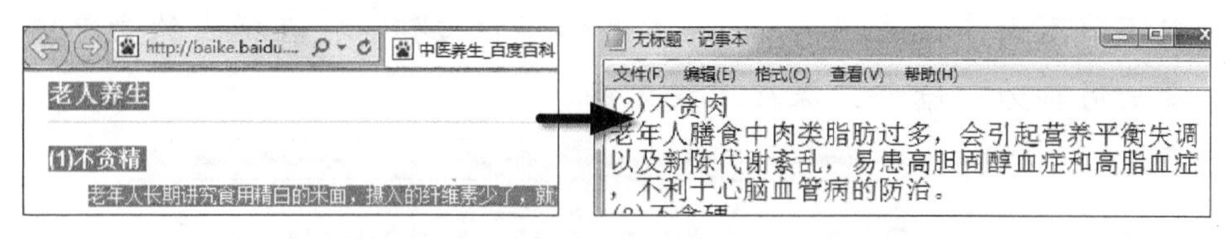

图5-53　将网页文本保存到记事本中

练习二　搜索旅游景点介绍

下面练习利用专业搜索网站，在网络中搜索所需信息的操作方法，图5-54所示为搜索热门景区“黄山风景区”的景点介绍。

步骤提示

◎ 在IE 10浏览器中打开“百度”搜索引擎，然后输入搜索关键字“黄山风景区”，最后单击百度一下按钮。

◎ 在搜索结果页面中单击“黄山风景区 -百度百科”超链接，进入“黄山风景区”简介页面，在其中可以了解该景区的详细信息。

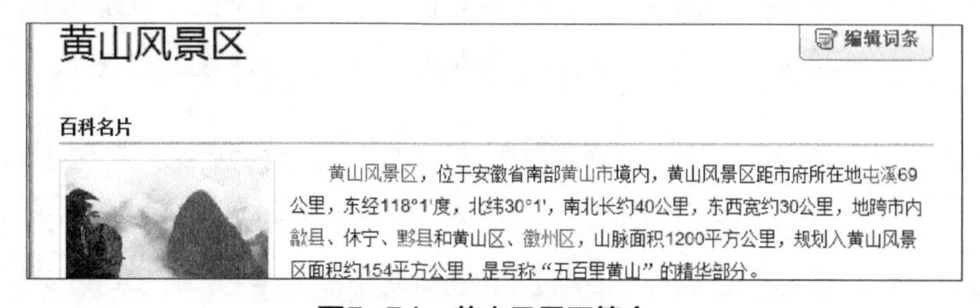

图5-54　黄山风景区简介

练习三　下载网络电视软件PPLive

下面练习利用IE 10浏览器搜索和下载网络电视软件的操作，在搜

索下载软件时，可利用百度、谷歌、搜狗等专业搜索引擎。图5-55所示为成功下载软件的效果。

步骤提示

◎ 在IE浏览器中打开百度首页“http://www.baidu.com”，然后输入关键字“PPLive 下载”后，直接按“Enter”键。

◎ 在搜索页面中单击合适的超链接，打开“PPTV网络电视官方下载”网页，单击其中的正式版按钮。

◎ 在下载页面中单击保存(S)按钮右侧的下拉按钮，在弹出的菜单中选择“另存为”命令，保存下载文件。

图5-55 成功下载网络电视软件

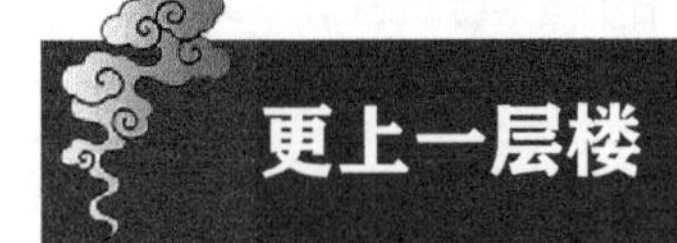

收藏喜欢的网页
解压文件

技巧一：在IE 10浏览器中打开要收藏的网页后，单击工具按钮中的按钮，在打开的列表中单击添加到收藏夹按钮。打开“添加收收藏”对话框，输入网页名称和创建位置后，单击添加(A)按钮完成收藏。

技巧二：当文件显示为图标时，表示该文件为压缩文件，在使用前需要对其进行解压。方法为：双击图标，在打开窗口中选择要解压的文件，然后单击工具栏中的按钮。打开“解压路径和选项”对话框，在“常规”选项卡中设置解压文件后的保存路径，最后单击确定按钮。

第6天

网上交流无障碍

学习目标

网络的神奇之处远远不只下载资源、网上购物、查找资料这么简单，通过它还可以实现亲朋好友间的无距离沟通。如利用QQ可与亲友进行视频聊天、通过发送电子邮件可了解亲友最新状况。下面将详细讲解QQ聊天、电子邮件的发送和新浪微博的使用方法。

学习内容

- 掌握QQ好友的添加方法
- 学会使用QQ进行文字聊天的具体操作
- 学会使用QQ进行视频聊天的具体操作
- 掌握注册电子邮箱和发送电子邮件的具体操作
- 掌握发布微博的方法
- 了解“关注”微博好友的操作

基础学习阶段

学习内容： 申请QQ账号、添加QQ好友、与好友进行文字或语音视频聊天。

学习方法： 首先学会利用网页申请一个免费的QQ账号，然后练习精确查找并添加好友的操作方法，最后选择一个好友进行文字或视频聊天。

6.1 使用QQ与子女聊天

在信息时代发达的今天，与亲朋好友们联络感情的方式也变得更加多样化，其中使用QQ聊天便是最常用的一种方式，下面就介绍使用“QQ 2013”聊天软件进行网上交流的方法。

6.1.1 申请属于自己的QQ号码

将QQ软件安装到电脑中后，需要申请一个QQ号码才能使用。下面将通过网页申请一个QQ号码，其具体操作如下。

1. 双击桌面上的QQ快捷方式图标，在打开的“QQ用户登录”界面中单击“注册账号”超级链接，如图6-1所示。
2. 打开“QQ注册”页面中的“QQ账号”选项卡，根据提示分别输入“昵称”、“生日”、“所在地”及“密码”等信息，然后单击立即注册按钮，如图6-2所示。

图6-1 单击“注册的账号”超级链接

图6-2 输入注册信息

3. 打开“QQ注册—手机验证”页面，在其中输入自己的手机号码，并选中“手机号码”文本框下方的复选框，然后单击下一步按钮，如图6-3所示。

4. 根据页面提示操作，使用注册手机发送短信“1”到指定号码后，单击验证获取QQ号码按钮，如图6-4所示。稍后将在打开的页面中显示验证成功信息，并显示申请成功的QQ号码，此时需要牢记申请的QQ号码和密码。

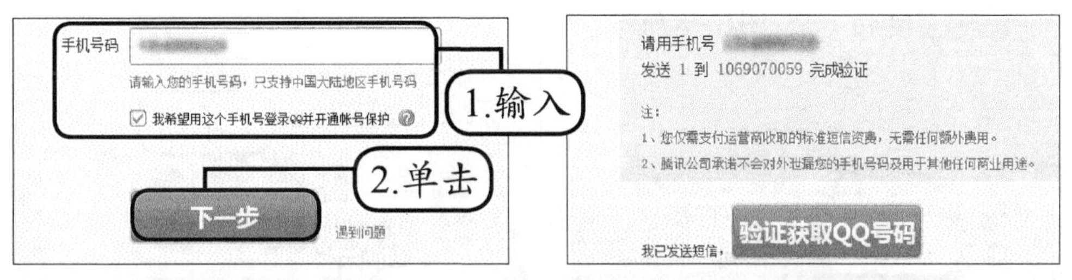

图6-3 输入手机号码　　图6-4 发送短信完成验证

小提示 验证码的输入

在申请QQ账号填写基本信息时，如果看不清楚页面中提供的验证字符，可单击右侧的“点击换一张”超级链接，直到看清楚验证字符后，再重新输入。

6.1.2 登录QQ后设置个人信息

成功申请一个属于自己的QQ号码后，要想进行聊天就需要先登录QQ，登录成功后还可以设置更加详细的个人信息，其具体操作如下。

1. 双击桌面上的QQ快捷方式图标，打开“QQ用户登录”界面，在其中输入申请的号码和设置的密码，然后单击登 录按钮，如图6-5所示。

2. 登录成功之后，将打开如图6-6所示的QQ界面，并在任务栏的通知区域显示图标，此时单击QQ界面顶部的默认头像。

3. 打开个人资料编辑窗口，在其中可以更换QQ头像、编辑个人资料，这里单击更换头像按钮，如图6-7所示。

图6-5 登录到QQ界面

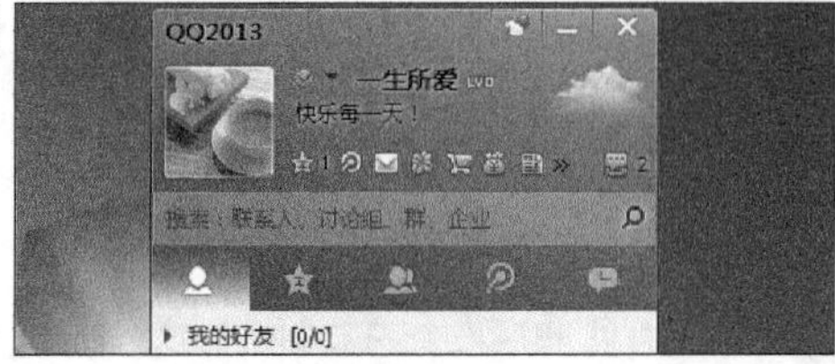

图6-6 单击默认QQ头像

4 打开“更换头像”窗口，单击其中的“经典头像”选项卡，在“推荐头像”列表框中选择自己的喜欢的头像后，单击 确定 按钮，如图6-8所示。

图6-7 单击“更换头像”按钮

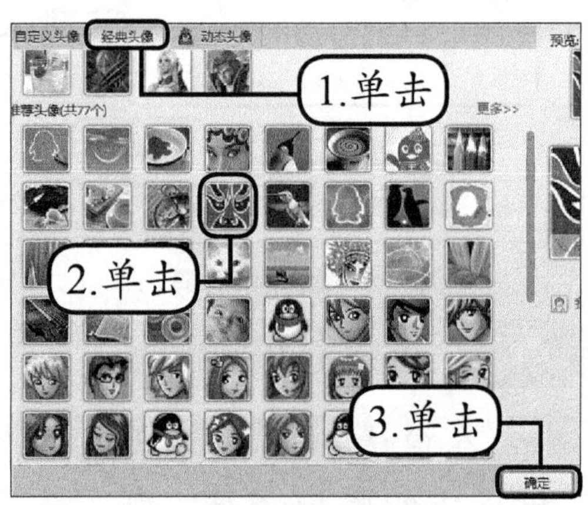

图6-8 选择自己喜欢的头像

6.1.3 添加好友

首次登录QQ界面后，需要从好友那里获取其QQ号码，并添加到自己的QQ好友中才能与他进行聊天。在QQ中，亲人、子女、朋友等，都统称为“好友”。下面在QQ中添加好友，其具体操作如下。

1 成功登录QQ界面后，单击底部的 查找 按钮，如图6-9所示。

2 打开“查找联系人”对话框中的“找人”选项卡，在鼠标光标处输入好友的QQ号码，然后单击 查找 按钮，如图6-10所示。

图6-9 单击“查找”按钮

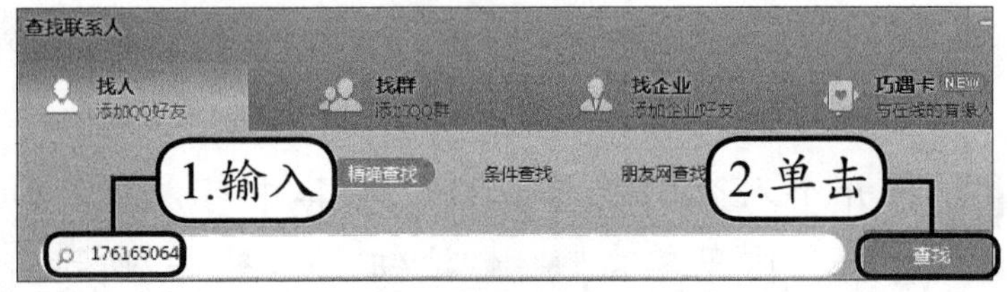

图6-10 查找好友QQ号码

3. 此时“查找联系人”对话框中显示查找到的QQ号码对应的信息，单击⊕按钮，如图6-11所示，将输入的QQ号码添加为好友。

4. 打开“添加好友”对话框，在“请输入验证信息”文本框中输入能够体现自己的身份的验证信息，如同学、亲人等，这里输入“我是爸爸”，然后单击[下一步]按钮，如图6-12所示。

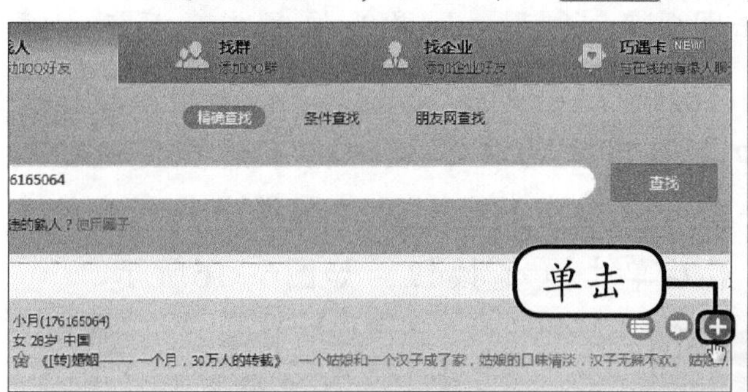

图6-11　添加好友

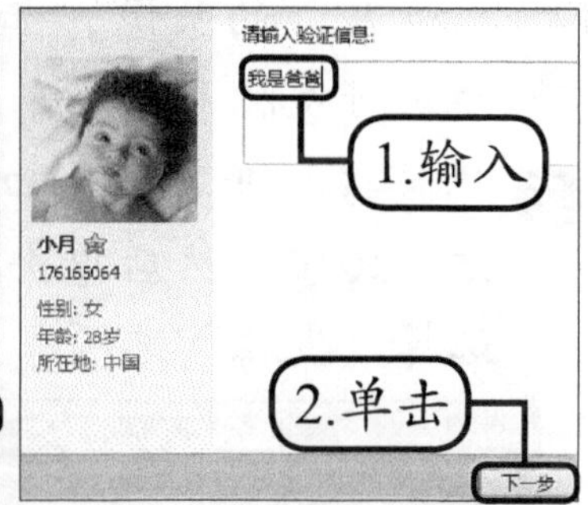

图6-12　输入验证信息

5. 在打开界面的“备注姓名”文本框中输入对方姓名或是体现特征的称谓，这里输入“女儿”，保持默认分组设置，然后单击[下一步]按钮，如图6-13所示。

6. 等待对方同意请求后，双击任务栏通知区域中闪烁的图标，在打开的对话框中单击[完成]按钮。返回QQ界面便可查看添加的好友，如图6-14所示。

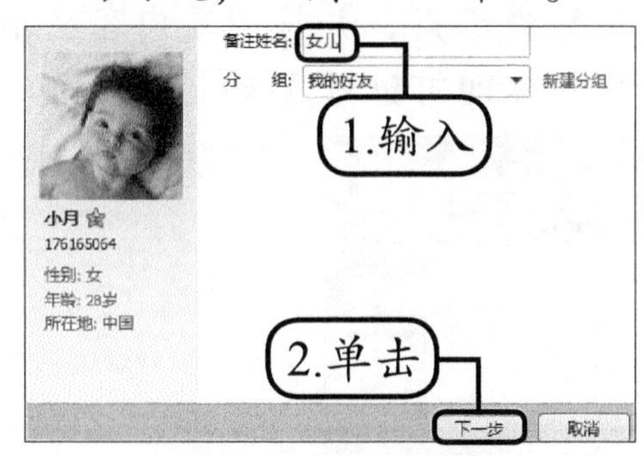

图6-13　输入备注信息

图6-14　查看添加的好友

6.1.4 与好友进行聊天

添加了QQ好友后，当您和好友同时在线时，就可以通过QQ与好友进行文字或视频聊天了。

1 文字聊天

使用QQ与好友进行文字聊天时，为了使聊天内容更加生动有趣，可以添加表情符号，其具体操作如下。

1. 登录QQ界面，双击需要进行聊天的好友头像，这里双击好友"女儿"的头像，如图6-15所示。如果头像呈灰色显示，表示该好友隐身或不在线。

2. 此时将打开聊天窗口，在下方的文本框中输入想要发送给对方的文字，然后单击聊天窗口中的☺按钮，在弹出的列表框中选择"蛋糕"选项，最后单击发送(S)按钮，如图6-16所示。

图6-15 双击好友头像

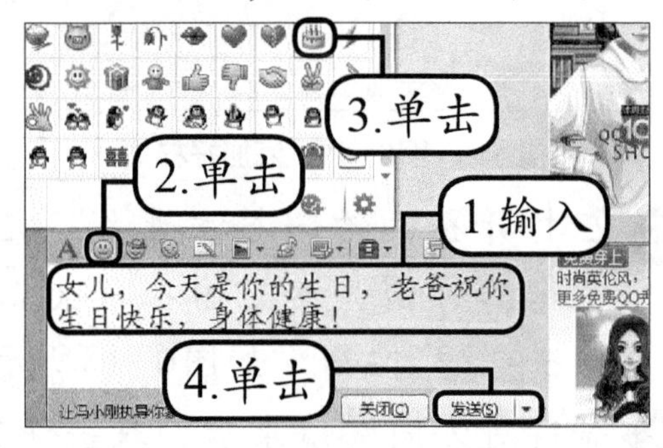

图6-16 输入并发送聊天内容

3. 此时发送的消息将显示在聊天窗口上面的聊天区内，当对方回复消息时，系统将发出"嘀嘀"的提示声，并将回复内容显示在聊天区，如图6-17所示。如此循环即可继续在网上聊天了。

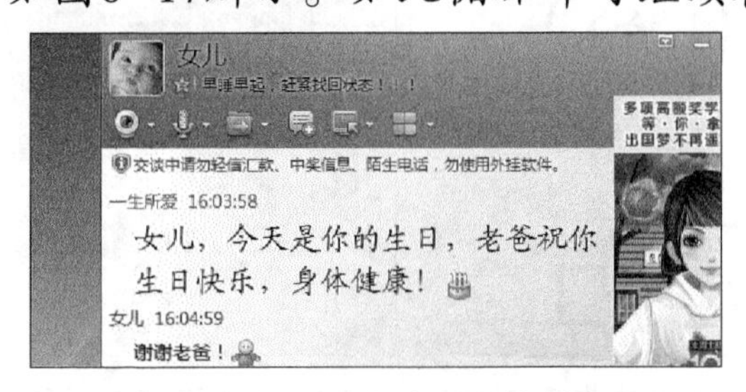

图6-17 查看好友回复的内容

2 视频聊天

除了通过QQ进行文字聊天外，还可以进行视频聊天，该功能要求电脑必须安装摄像头和连接麦克风，其具体操作如下。

1. 单击聊天窗口左上角的◉按钮，此时对话窗口右侧显示了视频区，并提示正在等待对方接受请求，如图6-18所示。

2. 当对方接受视频聊天后即可在视频区看到对方的摄像头拍摄的画面，如图6-19所示，聊天结束后将鼠标指针移至视频区并单击☎按钮结束视频聊天。

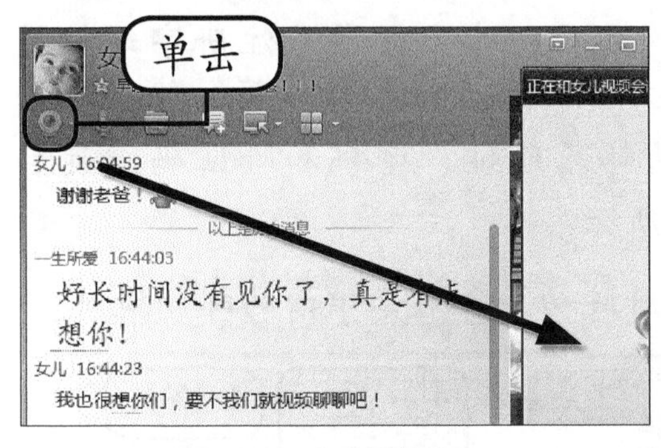

图6-18　启动视频聊天

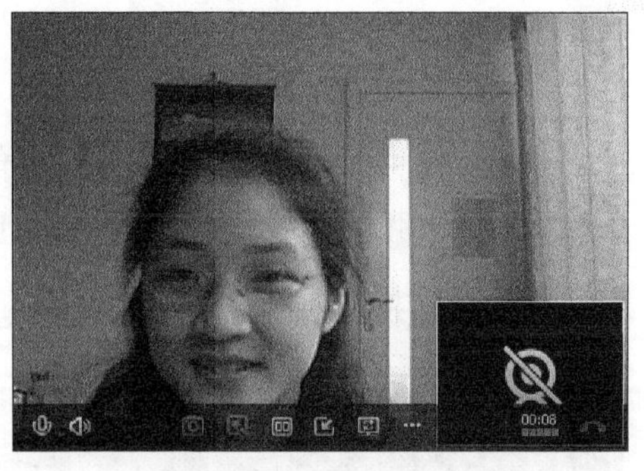

图6-19　正在视频会话

提高学习阶段

学习内容：发送和管理电子邮件，利用微博分享实时信息。

学习方法：首先学会如何申请电子邮箱，然后尝试发送电子邮件给自己的好友，最后开通微博，并将微博地址分享给好友，同时练习发表微博。

6.2　在线发送电子邮件

Email就是常说的电子邮件，它与传统的信件相比既方便又简单，而且能瞬间送达图片、声音和动画等不同类型的文件，足不出户就能完成鸿雁传书。

6.2.1 申请免费电子邮箱

要想在线发送电子邮件，首先要拥有一个电子邮箱。目前邮箱分

为免费、付费和手机邮箱，对于普通用户来说，使用免费邮箱就可以了。下面介绍如何申请163免费邮箱，其具体操作如下。

1. 启动IE 10浏览器，在地址栏中输入网址“www.163.com”后，按“Enter”键打开网易首页，然后单击右上角的“注册免费邮箱”超级链接，如图6–20所示。

2. 打开“注册网易免费邮箱”页面，其中提供了注册字母邮箱和注册手机邮箱2种方式，这里选择注册字母邮箱，然后根据页面提示信息输入要申请的邮箱地址、密码和验证码，最后单击立即注册按钮，如图6–21所示。

3. 稍后在打开页面中将提示注册成功，并显示申请的邮箱地址。

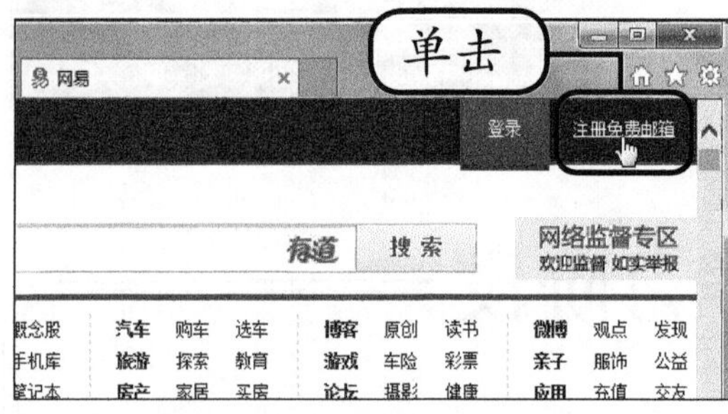

图6–20　单击“注册免费邮箱”超链接

图6–21　输入注册信息

6.2.2 编辑并发送电子邮件

有了电子邮箱后，需要先进入自己申请的邮箱，然后才能向老朋友发电子邮件联络感情，其具体操作如下。

1. 打开申请邮箱所在网站，这里进入网易首页，然后将鼠标指针移至登录按钮上，在打开的界面中输入邮箱地址和密码，然后单击登 录按钮，如图6–22所示。

2. 此时，页面中的登录按钮自动变为申请的邮箱地址，并弹出一个下拉列表，选择“进入我的邮箱”选项，如图6–23所示。

3. 稍后登录到自己的邮箱中，单击页面左侧的写信按钮，如图6–24所示。

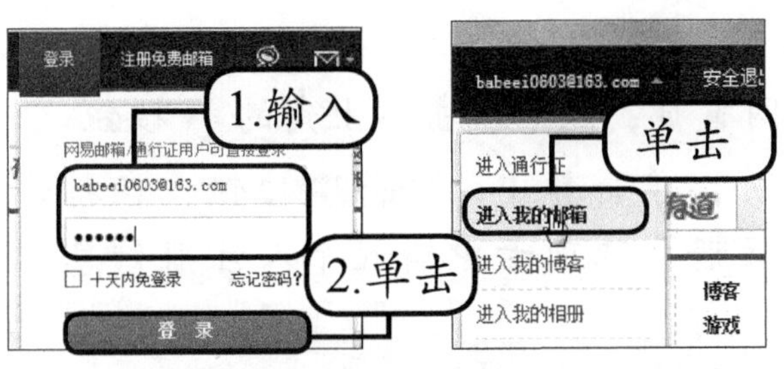

图6-22 输入邮箱账号和密码　图6-23 登录邮箱　图6-24 单击“写信”按钮

4. 在打开的“写信”页面中分别输入收件人、主题和邮件，然后单击添加附件(最大2G)按钮，如图6-25所示。

5. 在打开的对话框中选择要以附件形式发送的文件，包括图片、视频、文档等，这里选择多张图片，然后单击打开(O)按钮，如图6-26所示。

6. 稍后即可看到网页中显示附件已上传，并显示附件信息，待成功上传所有图片后，单击发送按钮，完成邮件发送操作，如图6-27所示。

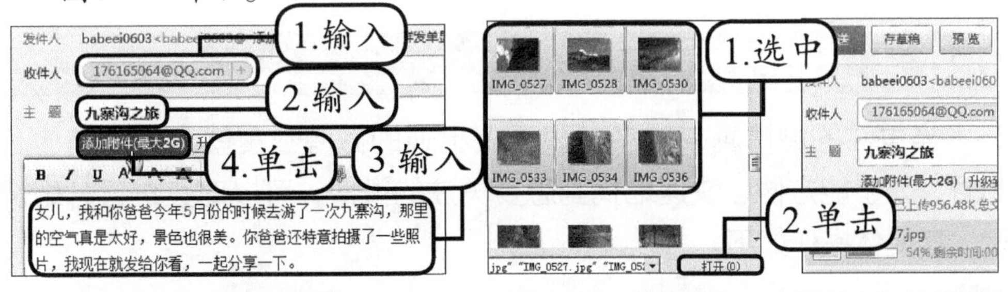

图6-25 编辑邮件内容　图6-26 选择图片　图6-27 发送邮件

6.3 利用微博分享最新信息

老年朋友们在闲暇之余，还可以在网上通过微博和广大网友分享心情、交流心得。下面介绍怎样在微博中发布和查看信息，以及如何“关注”好友等。

6.3.1 开通微博

要想发布微博，首先需要开通一个微博账号，很多网站都提供了微博功能，下面介绍如何在新浪网注册微博，其具体操作如下。

1. 在IE 10浏览器中输入网址“www.sina.com.cn”后，按“Enter”键进入新浪网首页，然后单击右上角的微博按钮。
2. 打开“新浪微博”网页，单击其中的立即注册按钮，在打开的注册页面中的“个人注册”选项卡中输入个人注册信息，如图6-28所示。
3. 在打开页面中完善个人资料信息，然后单击下一步按钮。
4. 打开“兴趣推荐”页面，选择与自己兴趣爱好相同的信息后，单击进入微博按钮，即可进入登录新浪微博首页，如图6-29所示。

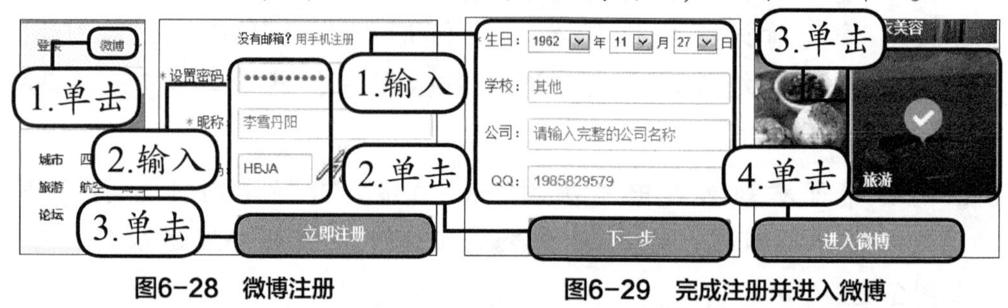

图6-28 微博注册　　图6-29 完成注册并进入微博

6.3.2 微博分组

当关注的微博越来越多，页面上出现的微博数量就会同时增加，此时，为了能方便、快速地找到想要关注的微博，可以对其进行分组设置，其具体操作如下。

1. 在新浪微博的“我的首页”页面中，将鼠标指针移至“分组”栏中，单击显示的管理按钮，并在打开的页面中单击创建分组按钮，如图6-30所示。
2. 打开“创建分组”对话框，在“分组名”文本框中输入“亲人”，其他设置保持不变，然后单击保存按钮。
3. 此时“分组”栏中将增加“亲人”这一分组，单击其中的按钮，在展开页面中选择要添加到该组的微博，这里选择“笑话杂谈”。
4. 单击添加到按钮，在弹出界面中选中“特别关注”复选框，如图6-31所示，将所选微博添加到该分组。按照相同操作方法，将其他关注微博添加到相应分组。

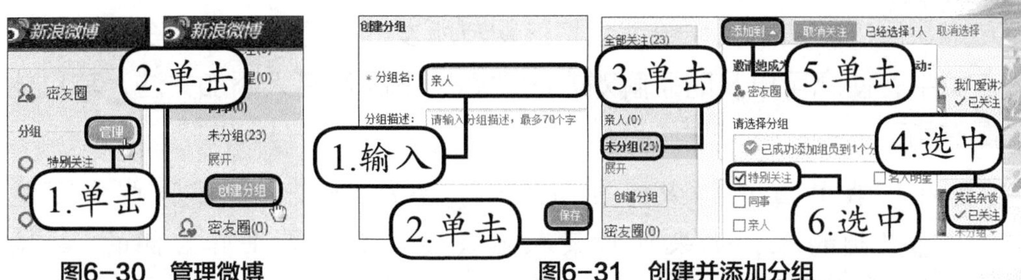

图6-30 管理微博　　图6-31 创建并添加分组

6.3.3 发布微博

开通新浪微博后，即可在其中发布文章（不能超过140字）、图片和视频等内容，和广大网友一起分享您的快乐。下面在新浪微博中发布一篇带图片的日志，其具体操作如下。

1. 在IE 10浏览器中打开“新浪网”首页，然后将鼠标指针移至页面上方的登录按钮上，并在打开的界面中输入申请微博时所用的账号和密码，最后单击登录按钮。
2. 此时登录按钮将自动变为申请微博时填写的昵称，单击该昵称即可进入“我的首页”微博页面，如图6-32所示。
3. 在发微博区定位输入光标，输入要发布的文本，然后单击文本框下方的按钮，并在打开的界面中单击添加图片按钮。
4. 在打开的对话框中选择要上传的图片后，网页将自动上传所选图片，待成功上传完图片后，单击发布按钮即可成功发布微博，如图6-33所示。

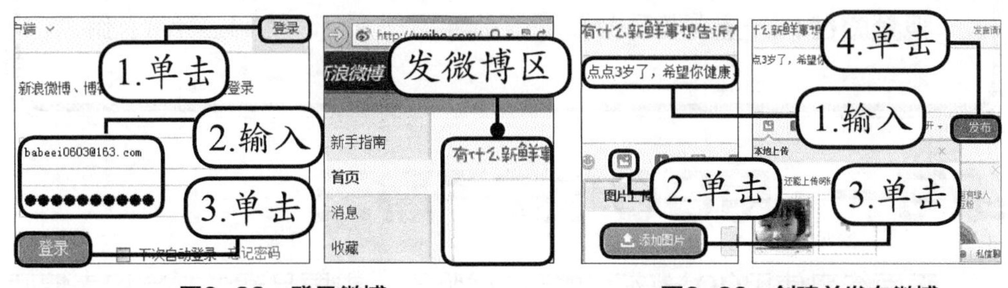

图6-32 登录微博　　图6-33 创建并发布微博

6.3.4 随时“关注”好友动态

关注是一种单向、无需对方确认的关系，只要您喜欢就可以关注对方。添加关注后，系统就会将该网友所发的微博内容显示在您的微博首页中，使您可以及时了解对方的动态。下面对名人添加关注，其具体操作如下。

1. 在“我的首页”微博页面右侧，系统会自动显示一些您可能感兴趣的人，如果你对某人感兴趣，则可单击其右侧的+关注按钮，如图6–34所示。
2. 打开“关注成功”对话框，在其中可以设置备注名称、选择分组和添加密友，这里选中“名人明星”复选框，然后单击保存按钮，如图6–35所示。表示一旦该网友发布微博，您就可以在“我的首页”中间的微博内容区中即时了解他所发布的微博内容。

图6–34　单击“关注”按钮

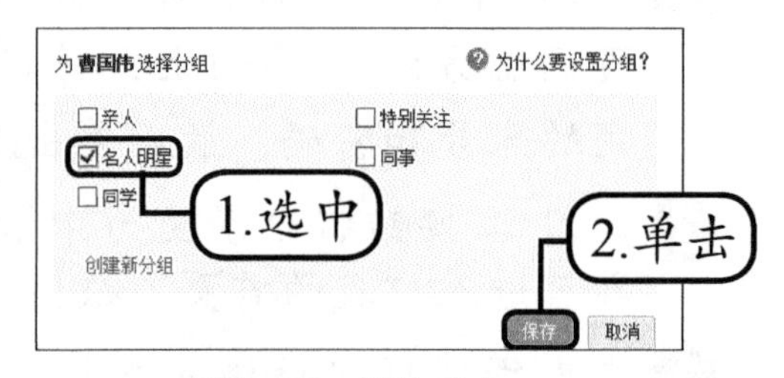

图6–35　关注成功

练习阶段

练习内容： 用QQ与孩子聊天、用邮件给老战友发送邀请函、“关注”儿女们的微博。

视频路径： 光盘:\第6天\练习阶段\练习一.swf、练习二.swf、练习三.swf。

练习一　用QQ与孩子聊天

下面练习使用QQ与孩子进行在线聊天，主要是通过文字和表情两种方式进行沟通，效果如图6–36所示。

步骤提示

◎ 启动QQ，在登录界面输入申请的QQ账号和密码后单击登录按钮。

◎ 双击要聊天对象的头像，在打开的聊天窗口中输入聊天内容，然后单击 发送(S) 按钮发送聊天信息。

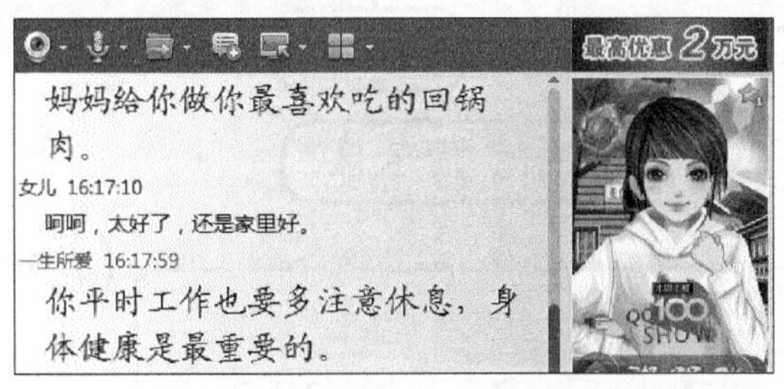

图6-36 用QQ与孩子聊天

练习二 给老战友发送邀请函

下面练习发送电子邮件，涉及的操作包括申请电子邮箱和输入发送内容，完成后的效果如图6-37所示。

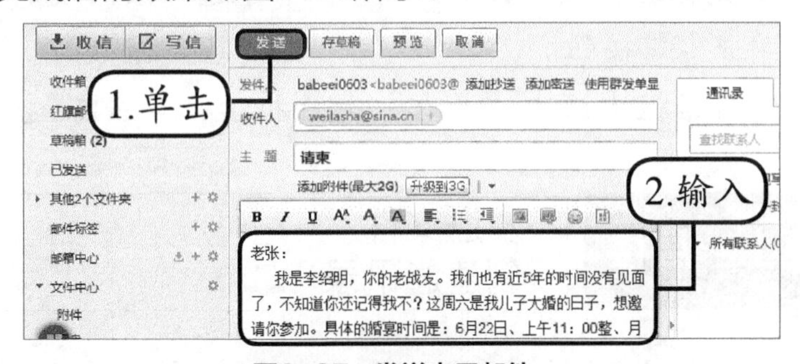

图6-37 发送电子邮件

步骤提示

◎ 在IE 10浏览器中打开网易网站，单击“注册免费邮箱”超级链接，在打开的页面中申请邮箱账号。

◎ 进入邮箱首页后，单击 写信 按钮，在打开的页面中输入收件人、主题和邮件内容等信息，最后单击 发送 按钮。

练习三 “关注”儿女们的微博

下面练习利用新浪微博关注儿女们的最新动向，首先利用“我的首页”中新浪微博的搜索功能找人，然后再添加关注，最终效果如图6-38所示。

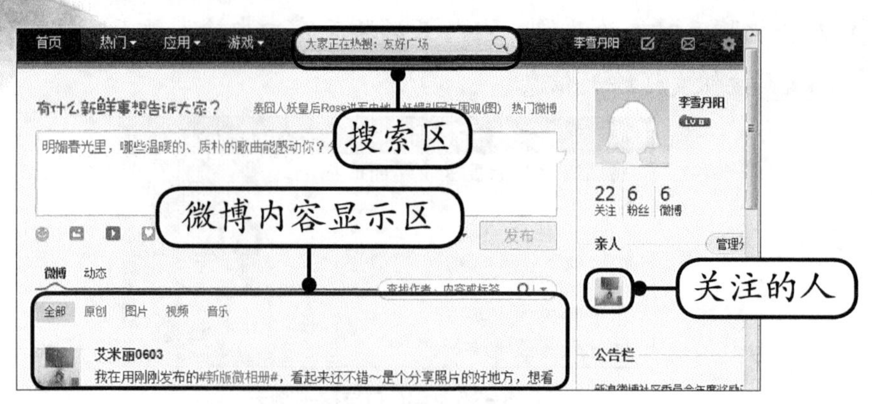

图6-38 搜索并关注女儿微博

步骤提示

◎ 在新浪网首页输入申请的微博账号和密码后，单击微博按钮。

◎ 进入“我的首页”新浪微博页面，在页面顶端显示的搜索框中输入微博昵称后，按“Enter”键，即可进入该网友的个人简介页面，单击+关注按钮。

◎ 在打开的对话框中选中“亲人”复选框后，单击保存按钮。

更上一层楼

发送文件
创建通讯录

技巧一： 使用QQ软件不仅可以聊天沟通，还可以发送文件。方法为：在聊天窗口中单击按钮，在打开的菜单中选择“发送文件/文件夹”命令，在打开对话框中选择要发送的文件后，单击发送(S)按钮即可在线发送文件。

技巧二： 为方便发送电子邮件，可以将常用联系人信息创建成通讯录。方法为：登录电子邮箱后，单击通讯录按钮，在打开的页面中单击+新建联系人按钮，打开“新建联系人”对话框，在其中输入姓名、电子邮箱等信息后，单击确定按钮完成创建。继续单击+新建联系人按钮可以创建多个联系人。

第7天

保护电脑有妙招

学习目标

电脑使用一段时间后，可能会出现运行速度变慢、死机等一些“小毛病”，这时就需要对电脑进行日常维护，让它保持正常的运行状态。下面将具体介绍维护电脑组件、防范和查杀电脑病毒，以及优化电脑等实用操作。

学习内容

- 学会电脑组件的日常维护方法
- 掌握查杀电脑病毒的方法
- 掌握系统优化的操作方法
- 掌握系统清理的操作方法
- 掌握系统维护的操作方法

基础学习阶段

学习内容： 养成良好的使用习惯，熟悉电脑的日常维护。

学习方法： 首先了解良好的电脑使用习惯是如何养成的，然后再牢记电脑日常维护的具体事项。

7.1 电脑的日常维护

其实，电脑和家用电器一样，如果使用不当就会造成一些不必要的麻烦。为了减少这些麻烦，需要创建一个相对安全的使用环境，以便对其进行日常维护，下面将介绍一些电脑日常维护的相关知识。

7.1.1 养成良好的使用习惯

就像学习和工作要养成良好习惯一样，使用电脑也有相应的习惯。下面罗列了几点使用电脑的良好习惯供大家参考。

- **第1点：** 装完操作系统后应安装杀毒软件，并升级病毒库至最新。
- **第2点：** 不在不可靠的网站下载文件，文件下载后应及时查毒。
- **第3点：** 安装应用软件时不要着急单击下一步(N) >按钮，认真阅读每一步安装说明，避免将不需要的软件或插件安装到电脑中。
- **第4点：** 不访问不良网站，对于经常上网的用户而言，要记得定期清理上网的历史记录和缓存，以释放内存空间。

7.1.2 电脑组件的维护

为了延长电脑使用寿命，减小各个组件发生故障的概率，需要定期对电脑的显示器、主机、鼠标和键盘等组件进行维护，下面将介绍具体维护方法。

- **主机维护：** 主机是电脑的核心，里面有重要部件，所以需要特别小心地维护。机箱内部堆积的灰尘，需要定期打开机箱，用柔软的刷子刷去；开启电脑后，应尽量避免移动和摇晃主机，更不要让主机受到撞击，以免损坏主机内的重要配件。

- **显示器维护：** 显示器需要远离磁场，如果显示器附近有强磁场，会使显示画面出现局部变色等现象；显示器亮度不应太高，如果长时间不使用显示器，最好开启屏幕保护；显示器的屏幕和外壳也容易积灰，应定期擦拭和清理。
- **键盘维护：** 不要用力地敲击键盘，否则会导致某些按键失灵；键盘上有较多缝隙，应避免让水或其他异物进入其中。
- **鼠标维护：** 切忌过分用力点击鼠标键，否则容易造成鼠标键失灵。鼠标不能用水擦洗，以免水流进鼠标内部造成鼠标损坏。

提高学习阶段

学习内容： 掌握有效防范电脑病毒和优化电脑的具体方法。

学习方法： 首先学会判断电脑是否感染病毒，再练习用360安全卫士查杀病毒，最后练习优化和清理系统。

7.2 电脑病毒的防范

要想让电脑运行更加顺畅，用户应树立正确的网络安全防范意识，让自己的电脑免受病毒的侵害。如果电脑不小心感染了病毒，该怎么办呢？下面就来了解和学习怎样防治电脑病毒。

7.2.1 判断电脑是否感染病毒

电脑病毒实际上就是网络上一些人恶意编写的程序，这些程序可能会对电脑操作系统和电脑中存储的信息造成不良后果。当电脑表现出以下几种情况时，表明电脑已感染病毒，应及时对其做出处理。

- **电脑运行异常：** 电脑运行速度异常缓慢，有时还出现死机和自动重启等现象。
- **数据丢失：** 电脑中的文件、资料和程序等无缘无故被删除，并且

磁盘可用空间在快速减小。

- **文件异常：** 电脑中出现一些莫名其妙的文件。
- **屏幕显示异常：** 电脑屏幕出现花屏或者显示一些奇怪的内容等。
- **密码被盗：** 在正常网速下，QQ和邮箱等出现登录密码错误。

7.2.2 查杀电脑病毒

电脑病毒虽然可怕，但并不意味着对它就束手无策，在电脑中安装一款功能比较完整的杀毒程序，就可以防治病毒了。常用杀毒软件有360、瑞星和江民等，这些软件需要到软件销售商处购买进行安装才能使用。下面以360杀毒软件为例进行讲解，其具体操作如下。

1. 双击桌面上的快捷图标，启动360杀毒软件。在打开的工作界面中提供了快速扫描、全盘扫描和自定义扫描3种查杀方式，这里单击“快速扫描”按钮，如图7-1所示。
2. 此时，360软件开始查杀病毒，并显示扫描对象和结果，如图7-2所示，这个过程可能需要较长的时间，请耐心等待。
3. 当完成扫描后，将自动显示对电脑存在威胁的项目，选中“全选”复选框，然后单击 立即处理 按钮，如图7-3所示，即可删除具有威胁性的程序。

图7-1 快速扫描电脑

图7-2 正在扫描病毒

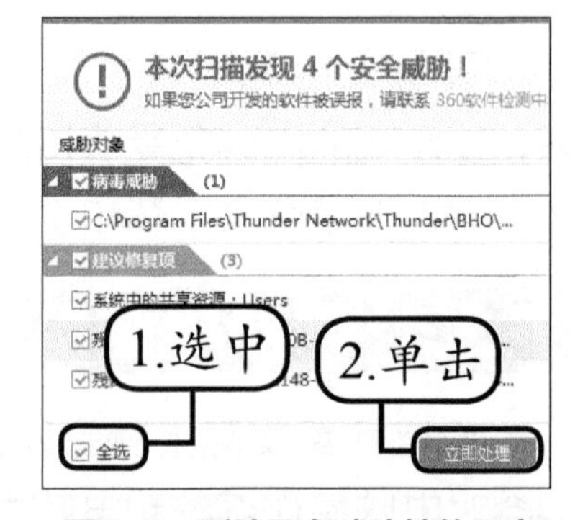

图7-3 删除具有威胁性的程序

7.2.3 开启实时监控

为了把病毒拒之“门外”，需要对电脑的状态和活动情况进行监

视，一旦发现有病毒等可疑现象，杀毒软件就会采取措施并通知用户。下面将开启360杀毒软件的实时监控功能，其具体操作如下。

1. 启动360杀毒软件后，单击其工作界面右上角的“设置”超链接，如图7-4所示。

2. 打开“360杀毒-设置”对话框，单击“实时防护设置”选项卡，在“防护级别设置”栏中选择“高”，在“监控的文件类型”栏中选中“监控所有文件”单选项，然后单击“常规设置”选项卡，如图7-5所示。

3. 在“自保护状态”栏中单击 立即打开 按钮，然后单击 确定 按钮，如图7-6所示，即可开启实时防护功能。

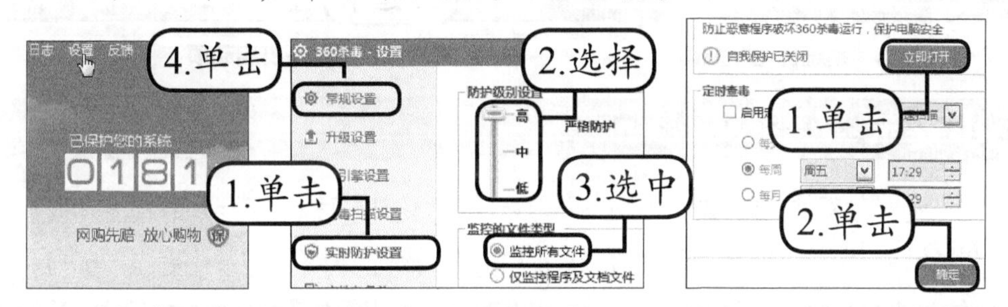

图7-4 单击“设置”按钮　　图7-5 设置实时防护　　图7-6 开启实时防护功能

7.3 电脑的优化

优化电脑是指提升电脑运行速度、清理系统运行时产生的垃圾文件和维护系统的正常运行等。常用优化软件主要有Windows优化大师和超级兔子，下面将以Windows优化大师为例，介绍优化电脑的方法。

7.3.1 系统优化

对系统性能的优化可以更好地提高操作系统的稳定性和减少系统的反应时间，下面将对系统的开机速度进行优化，其具体操作如下。

1. 成功安装Windows优化大师后，双击桌面上的快捷图标，启动Windows优化大师软件。在打开的工作界面中提供了系统检测、系统优化、系统清理和系统维护四大功能模块，这里单击 系统优化 按钮，如图7-7所示。

2. 展开“系统优化”列表，其中提供了磁盘缓存优化、桌面菜单优化和文件系统优化等多种优化项目，这里单击“开机速度优化”选项卡，在展开的“启动项”列表框中选中不需要开机启动的项目，然后优化按钮，如图7-8所示。
3. 此时软件将自动对开机项进行优化，并提升开机速度。

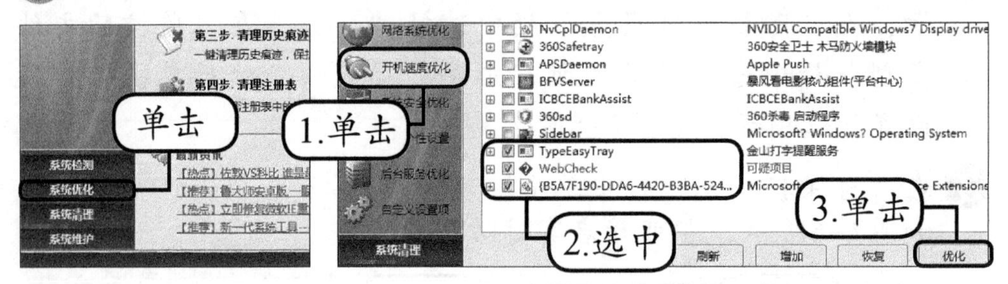

图7-7　单击“系统优化”按钮　　　图7-8　优化开机启动项

小提示　一键优化

如果不知道该如何选择众多优化项时，可利用软件提供的一键优化功能对系统的各参数进行优化，使其与当前电脑匹配。方法为：在“Windows优化大师”工作界面的“首页”选项卡中单击一键优化按钮，即可自动优化。

7.3.2 系统清理

Windows优化大师中的“系统清理”功能主要用于清理电脑中的垃圾文件和冗余信息等数据，下面将清理历史痕迹，其具体操作如下。

1. 在“Windows优化大师”工作界面中单击系统清理按钮。
2. 展开“系统清理”列表，其中提供了注册信息清理、磁盘文件管理和冗余DLL清理等内容，这里单击“历史痕迹清理”选项卡，在展开的列表框中可自定义选择要清理的项目，这里保持默认设置，然后单击扫描按钮，如图7-9所示。
3. 此时，系统开始自动扫描选择的项目，并在当前选项卡中显示扫描结果，根据实际需要删除部分或全部扫描项目，这里单击全部删除按钮。

❹ 在弹出的提示对话框中单击确定按钮，如图7-10所示，即可将扫描到的所有历史记录删除。

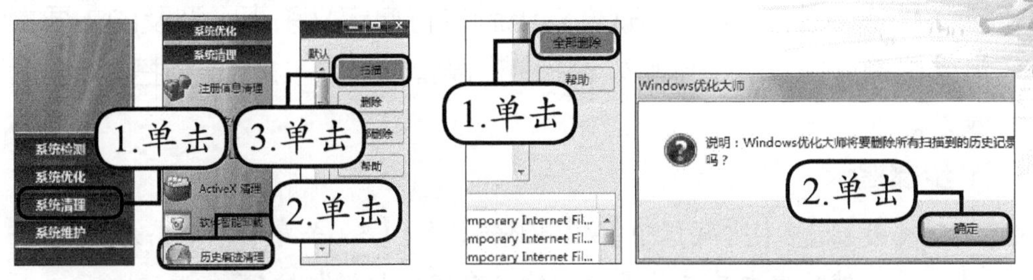

图7-9 扫描历史痕迹　　图7-10 删除历史记录

7.3.3 系统维护

系统维护是针对系统中保存的数据、各种驱动程序和系统文件的备份与恢复进行维护。下面将对系统磁盘进行维护，其具体操作如下。

❶ 在“Windows优化大师”工作界面中单击系统维护按钮。

❷ 展开“系统维护”列表，其中提供了系统磁盘医生、磁盘碎片整理等内容，这里单击“系统磁盘医生”选项卡，在展开的列表中选择要检查的分区，这里选中“本地磁盘 (C:)”和“本地磁盘 (D:)”复选框，然后单击检查按钮，如图7-11所示。

❸ 此时系统将检查磁盘，并显示检查进度，如图7-12所示。

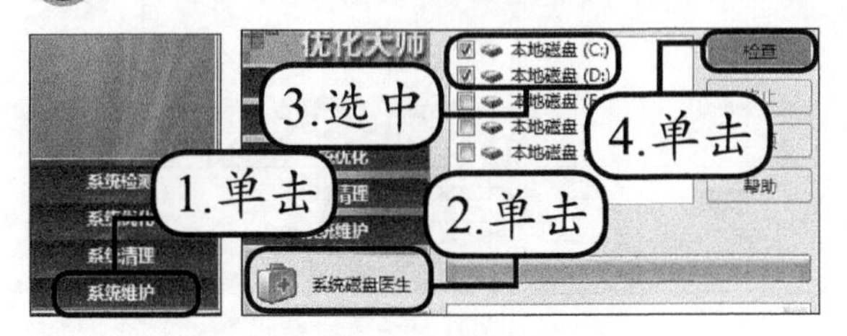

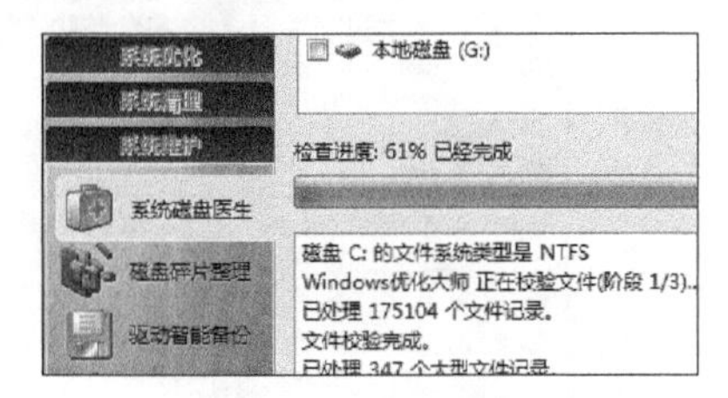

图7-11 设置检查的磁盘对象　　图7-12 显示检查进度

练习阶段

练习内容： 利用360杀毒软件对电脑进行自定义杀毒，利用Windows优化大师对桌面菜单进行优化。

视频路径： 光盘:\第7天\练习阶段\练习一.swf、练习二.swf。

练习一　对电脑进行自定义杀毒

下面练习使用360杀毒软件对电脑进行自定义杀毒，涉及的主要操作包括选择要扫描的文件和处理扫描结果。如图7-13所示为扫描G盘后的效果。

步骤提示

◎ 选择【开始】/【所有程序】/【360杀毒】/【360杀毒】命令，启动360杀毒软件，然后单击其工作界面中的“自定义扫描”按钮。

◎ 打开“选择扫描目录”对话框，选中要扫描的目录或文件所对应的复选框后，单击扫描按钮。

◎ 完成扫描操作后，若出现有威胁的文件，选中该文件对应的复选框，并单击立即处理按钮。

图7-13　扫描G盘后的效果

练习二　对桌面菜单进行优化

下面练习使用Windows优化大师对电脑的桌面菜单进行优化处理，

效果如图7-14所示，最后关闭Windows优化大师软件。

步骤提示

◎ 进入“Windows优化大师”工作界面后，单击 系统优化 按钮。

◎ 在展开的“系统优化”列表中单击“桌面菜单优化”选项卡，然后选中要优化的项目对应的复选框，最后单击 优化 按钮。

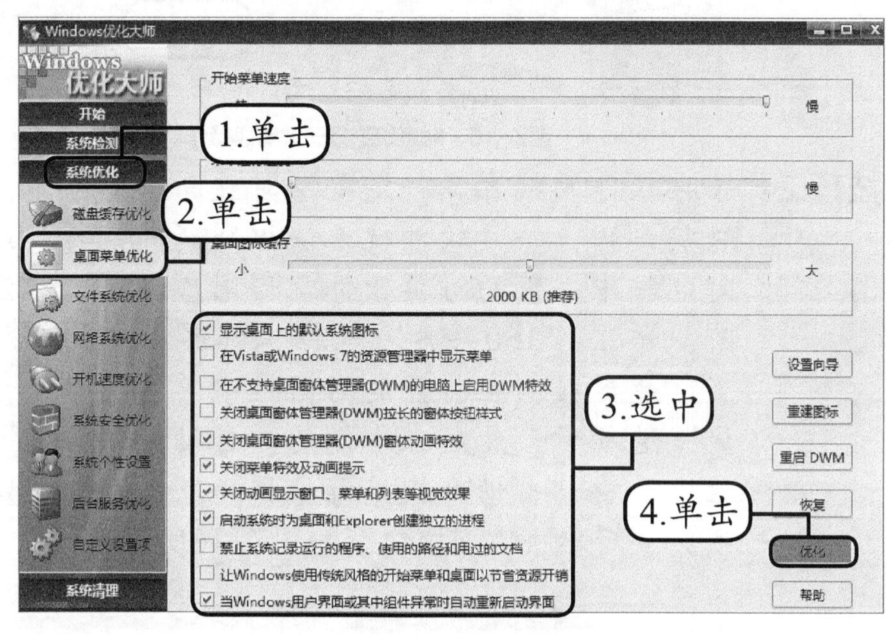

图7-14　优化桌面菜单

一键清理系统
自动更新病毒库

技巧一： 在进行系统清理操作时，如果对系统不熟悉就容易出现误操作，从而造成系统不稳定等故障。此时，利用Windows优化大师的“一键清理”功能就可解决这一难道。只需单击“Windows优化大师”工作界面“开始”选项卡中 一键清理 按钮即可，如图7-15所示。

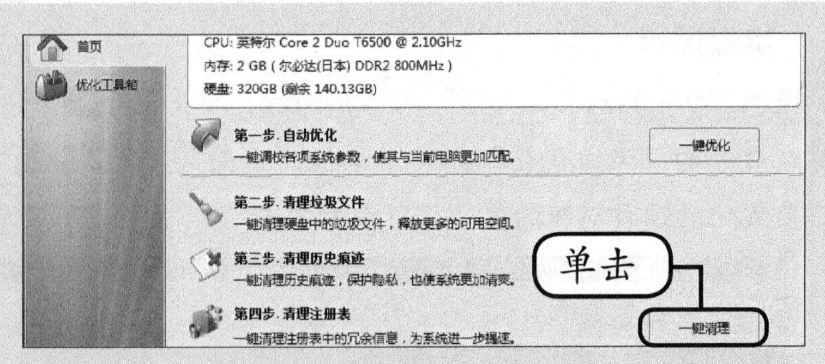

图7-15　对系统进行一键清理操作

技巧二：杀毒软件的病毒库一定要及时更新，如果不升级病毒库，杀毒软件就无法识别新的病毒，此时电脑中安装的防毒软件就形同虚设了。方法为：单击“360杀毒”软件工作界面中的“设置”超链接，在打开的对话框中单击“升级设置”选项卡，然后在右侧的“自动升级设置”栏中选中“自动升级病毒特征库及程序”单选项，最后单击确定按钮，如图7-16所示。

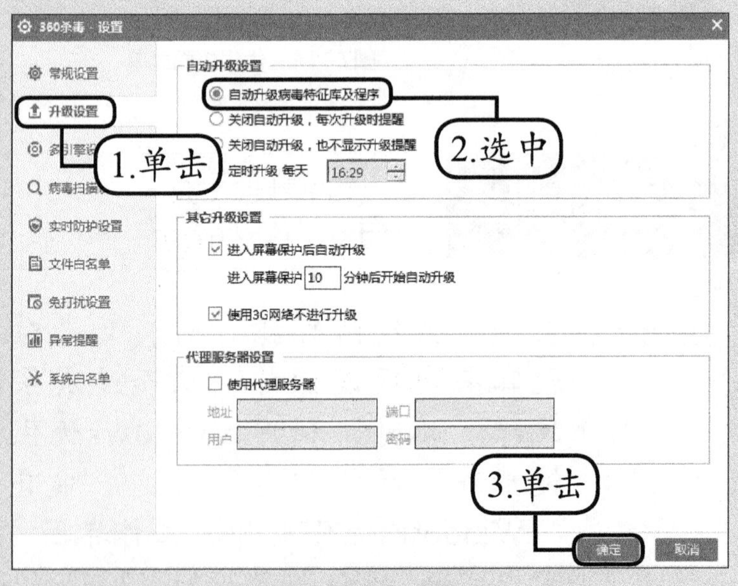

图7-16　自动升级病毒库